国之重器出版工程
军民协同创新丛书

移动式机器人制孔系统

Mobile Robot Drilling System

王战玺　秦现生　著

西北工业大学出版社

西　安

【内容简介】 本书主要对移动式机器人制孔系统的设备构成、末端执行器设计、检测系统、移动平台设计、控制系统以及离线编辑技术等进行了详细的介绍,融入了科研实践和研制经验,具有鲜明的行业特色。全书共 14 章,内容包括绪论、移动制孔机器人设备构成、制孔末端执行器设计、制孔机器人坐标系标定及建立、法向检测技术、基准检测技术、制孔机器人精度补偿技术、移动平台设计、多执行单元协同控制技术、离线编程技术、移动机器人自动制孔控制系统架构、RADS 设备控制层设计、RADS 系统管理层设计以及制孔机器人系统原型实现与实验验证。

本书可作为高等学校航空航天制造工程、机械电子工程等相关专业的硕士研究生教材,也可作为相关技术及管理人员的专业参考书和培训教材。

图书在版编目(CIP)数据

移动式机器人制孔系统 / 王战玺,秦现生著 . — 西安 : 西北工业大学出版社,2023.1
(军民协同创新丛书)
国之重器出版工程
ISBN 978 - 7 - 5612 - 8621 - 0

Ⅰ.①移… Ⅱ.①王… ②秦… Ⅲ.①移动式机器人 -研究生-教材 Ⅳ.①TP242

中国国家版本馆 CIP 数据核字(2023)第 019494 号

YIDONGSHI JIQIREN ZHIKONG XITONG

移 动 式 机 器 人 制 孔 系 统

王战玺 秦现生 著

责任编辑:朱辰浩		策划编辑:何格夫	
责任校对:孙 倩		装帧设计:李 飞	

出版发行:西北工业大学出版社
通信地址:西安市友谊西路 127 号　　　邮编:710072
电　　话:(029)88491757,88493844
网　　址:www.nwpup.com
印　刷　者:陕西奇彩印务有限责任公司
开　　本:720 mm×1 020 mm　　1/16
印　　张:17.75
字　　数:348 千字
版　　次:2023 年 1 月第 1 版　　2023 年 1 月第 1 次印刷
书　　号:ISBN 978 - 7 - 5612 - 8621 - 0
定　　价:100.00 元

如有印装问题请与出版社联系调换

专家委员会委员（按姓氏笔画排列）：

于　全　中国工程院院士

王　越　中国科学院院士、中国工程院院士

王小谟　中国工程院院士

王少萍　"长江学者奖励计划"特聘教授

王建民　清华大学软件学院院长

王哲荣　中国工程院院士

尤肖虎　"长江学者奖励计划"特聘教授

邓玉林　国际宇航科学院院士

邓宗全　中国工程院院士

甘晓华　中国工程院院士

叶培建　人民科学家、中国科学院院士

朱英富　中国工程院院士

朵英贤　中国工程院院士

邬贺铨　中国工程院院士

刘大响　中国工程院院士

刘辛军　"长江学者奖励计划"特聘教授

刘怡昕　中国工程院院士

刘韵洁　中国工程院院士

孙逢春　中国工程院院士

苏东林　中国工程院院士

苏彦庆　"长江学者奖励计划"特聘教授

苏哲子　中国工程院院士

李寿平　国际宇航科学院院士

李伯虎	中国工程院院士
李应红	中国科学院院士
李春明	中国兵器工业集团首席专家
李莹辉	国际宇航科学院院士
李得天	国际宇航科学院院士
李新亚	国家制造强国建设战略咨询委员会委员、中国机械工业联合会副会长
杨绍卿	中国工程院院士
杨德森	中国工程院院士
吴伟仁	中国工程院院士
宋爱国	国家杰出青年科学基金获得者
张　彦	电气电子工程师学会会士、英国工程技术学会会士
张宏科	北京交通大学下一代互联网互联设备国家工程实验室主任
陆　军	中国工程院院士
陆建勋	中国工程院院士
陆燕荪	国家制造强国建设战略咨询委员会委员、原机械工业部副部长
陈　谋	国家杰出青年科学基金获得者
陈一坚	中国工程院院士
陈懋章	中国工程院院士
金东寒	中国工程院院士
周立伟	中国工程院院士

郑纬民　中国科学院院士

郑建华　中国科学院院士

屈贤明　国家制造强国建设战略咨询委员会委员、工业
　　　　和信息化部智能制造专家咨询委员会副主任

项昌乐　中国工程院院士

赵沁平　中国工程院院士

郝　跃　中国科学院院士

柳百成　中国工程院院士

段海滨　"长江学者奖励计划"特聘教授

侯增广　国家杰出青年科学基金获得者

闻雪友　中国工程院院士

姜会林　中国工程院院士

徐德民　中国工程院院士

唐长红　中国工程院院士

黄　维　中国科学院院士

黄卫东　"长江学者奖励计划"特聘教授

黄先祥　中国工程院院士

康　锐　"长江学者奖励计划"特聘教授

董景辰　工业和信息化部智能制造专家咨询委员会委员

焦宗夏　"长江学者奖励计划"特聘教授

谭春林　航天系统开发总师

前　言

　　航空工业作为国家战略性产业,是国家国防安全的重要基础,也是国家综合国力的体现。在经济全球化背景下,航空工业也面临着一系列的挑战,降低飞机制造成本、提高飞机性能、加强飞机结构强度是所有飞机制造商共同追求的目标。飞机由几十万甚至上百万个零部件组成,其装配连接质量将直接影响飞机的结构抗疲劳性能、寿命与可靠性。

　　在整个飞机的装配连接过程中,无论是采用铆接技术、螺栓连接技术或其他新型技术,都需要大量的钻孔、铰孔、锪窝等工作,连接孔的精度、表面粗糙度等因素在很大程度上决定了飞机的最终质量、制造成本周期。尤其是伴随着航空结构件向着薄壁化、整体化和复杂化方向发展,以及机体结构长寿命、高质量、高效率、气动等方面的要求,装配制孔比以往要求更高、更精。为满足现代飞机高寿命的要求,提高制孔效率,需要采用自动化设备代替人工进行精密制孔,提高制孔质量。伴随着传感器技术、自动控制技术、离线编程技术及机器人技术的发展,目前国外已先后研发出多种自动化设备实现了飞机装配的自动化柔性制孔,如自动钻铆系统、柔性导轨自动制孔系统、机器人自动制孔系统等,其中机器人自动制孔系统因灵活性高、成本低、柔性大等特点已成为飞机装配中制孔的发展趋势。

　　笔者团队于 2011 年在国内率先展开了相关研究,重点解决末端执行器设计、基准和法向检测、协同控制、移动平台和离线编程等关键技术问题。本书相关内容是对笔者团队成员近 10 年来研究工作的总结,撰写分工如下:王战玺副教授负责第 1 章、第 2 章、第 4 章、第 5 章、第 7 章、第 8 章、第 9 章和第 14 章的

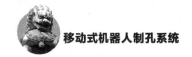

撰写,秦现生教授负责第 3 章、第 6 章、第 10 章、第 11 章、第 12 章和第 13 章的撰写。主要学术贡献参与者包括从西北工业大学毕业的张晓宇博士、杨占峰硕士、王增翠硕士、张娜硕士、宋可清硕士、王宁硕士、武俊强硕士、李芳昕硕士、张洋硕士、李飞飞硕士、王伟硕士和郭欣硕士。全书由王战玺副教授统稿并进行了文字整理。

本书得到了国家自然科学青年基金项目(项目编号:51505380)、陕西省重大研发计划项目(项目编号:2019zdzx01 - 01 - 0)、陕西省创新人才推进计划项目(项目编号:2018KJXX - 006)、西安飞机工业(集团)有限责任公司科研项目(项目编号:NCHB0035)的资助和支持。在撰写过程中,笔者团队成员谭小群副教授、李树军副教授、白晶副教授均提出了宝贵的修改建议。在此谨向国家自然科学基金委员会、陕西省科技厅、西安飞机工业(集团)有限责任公司、笔者团队其他成员以及参与本书撰写、编辑与校对等工作的全体人员致以衷心的感谢!

限于学术水平,书中不妥之处在所难免,敬请专家和读者批评指正。

著　者

2022 年 10 月

目 录

第 1 章

绪 论

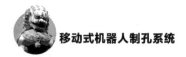
|1.1 工 程 背 景|

　　航空制造业是当今世界各国工业实力的重要体现,在"工业 4.0"和"中国制造 2025"的理念驱动下,航空装备制造逐步成为了各国工业制造的核心。享有"工业之花"美称的飞机在增强国家经济活力、提高公众生活水平和国家安全等级、带动相关行业发展等方面扮演着至关重要的角色。预计今后 10 年全球范围内的飞机需求总量可达 4.5 万架,总价值可达 2 万亿美元,其中我国所需要干线和支线飞机约占全球需求总量的 4.3%,约 1 935 架。面对航空工业空前的发展机遇和有利环境,"十二五"和"十三五"规划为我国航空产业的发展指明了前进方向,制定了我国航空工业快速发展的专项任务,取得了如 C919、ARJ21 等重大成就,举全国之力、聚全国之智发展大型飞机重大专项,解决我国航空装备发展的技术瓶颈势在必行。

　　目前我国航空制造产业规模效应尚未充分体现,飞机零部件的装配仍以人工作业为主,与国外先进的自动化生产模式形成鲜明对比,无法满足国内航空装备不断增长的需求。同时,飞机的装配环节不仅占整个飞机劳动量的 50% 左右,而且装配的质量更是决定了飞机的使用寿命和安全指数。在飞机装配中应用最广泛的连接紧固方式是铆接,铆接孔的质量对铆接的可靠性起着至关重要的作用,特别是伴随着飞机结构件的薄壁化和一体化,以及飞机更高质量和更高安全性的要求,对零部件连接紧固孔的精度也有了更高的指标要求。

为了适应航空装备的发展需求和质量要求,改善国内航空装备制造的现状,积极采用自动化钻铆设备成为当前航空制造业的发展趋势。研制针对飞机零部件的自动化制孔系统能够推动航空制造业向着数字化、精益化、规模化的方向发展,同时随着科学技术的突飞猛进,工业机器人技术、传感器应用技术和现代工业控制技术等取得了显著的成果,将工业机器人集成到自动化制孔系统中,并配备多功能的末端执行器以及全方位移动平台能够实现高柔性、高精度、高效率和高适应性的自动化作业,因此研究基于移动机器人的自动制孔系统对于航空制造业的发展具有重要的理论意义和应用价值。

1.2 国内外研究现状

目前国内外航空制造业中应用的自动化设备主要包括自动钻铆系统、移动机器人制孔系统等,这些设备在国外尤其是欧美国家的航空制造业中扮演着主导角色,而且其技术研究起步早且相对比较成熟,应用普及较为广泛,主要以美国通用电气机械公司(GEMCOR)、EI 公司以及德国宝捷自动化有限公司(Broetje)的产品为代表。国内航空制造业中以人工作业为主,属于劳动力密集型且技术相对落后,且自动化设备普及率较低,近年来国内各大科研院所和高校相继从事自动化装配系统的研制,并且部分设备已在国内飞机制造企业中得到应用,然而要取得进一步发展仍需解决众多关键技术问题。

1.2.1 自动钻铆系统

1.自动进给钻

为满足飞机高精度、高效率的制孔需求,目前便携式制孔设备使用较多的是自动进给钻。其作为一种半自动化的制孔工具,在国内使用较为普遍,主要用于飞机零部件的钻孔、镗孔、铰孔、锪窝等作业。该半自动工具能够提高制孔效率并减轻人工劳动强度,且在一定程度上提高了孔的质量。其优势是能够采用不同的转速,以一定的工进速度制造出高质量的孔,且在孔钻透时没有振动,能够防止刀具因振动而断裂,但是自动进给钻在使用前,需要依靠钻模板进行定位,工序较为烦琐。图 1－1 所示为美国 COOPER 公司所生产的 158QGDBV－S400 型自动进给钻。

图 1-1 美国 COOPER 公司所生产的 158QGDBV-S400 型自动进给钻

2.自动钻铆机

自动钻铆机主要依靠托架实现零部件定位以保证装配精度。国外自动钻铆技术相对成熟,美国 GEMCOR 公司研制的自动钻铆机,采用自主开发的Drivmatic™钻铆工艺,钻铆机采用 C 型结构和数控托架两者配合定位。图 1-2所示为 GEMCOR 公司 G86 系列自动钻铆机,其数控定位系统具有独特的低重心设计,保证了高速运转状态下具有极佳的重复精度与稳定性,且 G86 系列托架采用模块化设计,可以根据需求配套不同的托架,实现机翼壁板类零部件一体化钻铆。

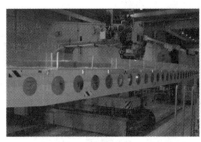

图 1-2 GEMCOR 公司 G86 系列自动钻铆机

图 1-3 所示为 GEMCOR 公司所研制的目前最先进的 G2000 系列全数控式自动钻铆机,其可以铆接弧度大于 180°的超级壁板,并可以将整个半圆形机身壁板固定在托架上,并与下方一个较小的 C 型机构联动进行翻转。波音 737的机身上半蒙皮长为 12 m,直径为 4.4 m,可在 G2000 上一次性完成铆接。

美国 EI 公司所研制的自动钻铆机在国外航空制造业中得到了广泛应用,公司主要研发高度自动化的龙门卧式装配系统,采用电磁铆接,电磁力度大且速度快,适用于大铆钉铆接的零部件,且主要采用卧式结构,铆接时工件固定。图 1-4 所示为 EI 公司研制的 E4380 型自动钻铆机,此钻铆机可以完成高锁螺栓和0.5 in(1 in=0.025 4 m)的铆钉安装。空中客车公司订购了多台 E4380 用于

A380 的壁板、机翼端面、机翼梁和机翼肋板的铆接装配。

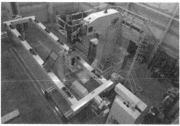

图 1-3　GEMCOR 公司 G2000 系列全数控式自动钻铆机

图 1-4　EI 公司 E4380 型自动钻铆机

图 1-5 所示为 EI 公司的 E6000 型自动钻铆机及其专用工装,采用低压电磁铆接技术,并可以高度运转,最快实现每分钟 16 个无头铆钉的钻孔、铆接和铣平。其采用典型的龙门式框架配合多自由度铆接动力头完成飞机零部件的铆接,其中龙门式框架具有 2 个自由度,铆接动力头具有 4 个自由度,专用工装能够对飞机壁板进行快速定位安装,提高钻铆效率。

图 1-5　EI 公司 E6000 型自动钻铆机及其专用工装

德国宝捷公司(Broetje)致力于飞机铆接柔性工装和生产线,图 1-6 所示为

Broetje 公司所研制的自动钻铆机。其中：图 1-6(a) 为 CPAC 系列自动钻铆机，利用 C 型结构结合模块化数控托架作业，并可以实现快速安装组合；图 1-6(b) 为 ISAC 系列自动钻铆机，其特点在于借助一套旋转调整托架，配合一个多自由度钻铆执行机构，可实现飞机机身的 360°钻铆装配。

　　目前国内主要的航空制造企业也不断提高自动化加工水平，相继开始从国外引进高精度自动化钻铆系统，如西安飞机工业（集团）有限公司引进二手的 G400 和 G900 钻铆机，主要用于外包飞机零部件的加工，但二者均为手动托架，后来被 SPA 公司的 RMS335 型自动钻铆机取代，之后引进 GEMCOR 公司的 G4026XX-120 型自动钻铆机，用于飞机机翼壁板的铆接装配。成都飞机工业（集团）有限公司引进了 G4026 和 RMS335 自动钻铆机，用于飞机平垂尾蒙皮壁板、机翼梁组件及机身蒙皮壁板的自动钻铆。同时国内各航空制造企业也联合相关科研院所和高校共同研制自动化钻铆设备，图 1-7 所示为中航工业 625 所和沈飞公司研制的五坐标柔性自动制孔系统，该系统具有 5 个方向（X、Y、Z、A、B）自由度，可实现飞机翼面类零部件高精度、高效率制孔。

 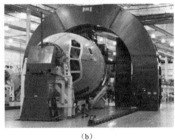

(a)　　　　　　　　　　　　　(b)

图 1-6　Broetje 公司自动钻铆机

(a)CPAC 系列；(b)ISAC 系列

图 1-7　五坐标柔性自动制孔系统

3.柔性导轨制孔系统

柔性导轨制孔系统主要包括柔性运动单元和制孔单元，具有钻锪一体化制孔、基准与法向检测、压紧与排屑等功能。工作时将具有高柔性的导轨吸附在待加工零件表面,使得制孔单元附着在工件上进行制孔,主要适用于开敞性较好的零部件,如飞机机翼蒙皮、长桁、机身壁板等。图1-8所示为波音公司研制的Flex Track柔性导轨制孔系统,后授权EI公司进行制造,其主要用于机身部件对接区域和主翼盒的制孔,定位精度达±0.01°。国内已有中航工业625所研制的BAA300柔性导轨制孔系统,针对ARJ21和C919机身部件对接区域与主翼盒制孔。

图 1-8　波音公司 Flex Track 柔性导轨制孔系统

1.2.2　移动机器人制孔系统

由于传统的自动钻铆机多为框架式结构布局,导致工作空间受限、可达性较低、系统柔性较低等缺点,而基于工业机器人的制孔设备不仅具有传统钻铆机的高精度、高效率的优点,而且还具有传统自动钻铆机不具备的高柔性、高适应性等特质,并且"中国制造2025"做出强化高端制造业的战略规划,基于工业机器人的制造装备便是其中之一,同时伴随着机器人技术和传感器技术的发展与成熟,工业机器人成为自动装配系统研制的热点。

基于移动机器人的自动制孔系统一般由高精度工业机器人、多功能末端执行器、全方位移动平台或柔性导轨及其开放式控制系统组成。国外能够提供基于工业机器人的自动化解决方案的公司主要有美国EI公司、德国Broetje公司、意大利COMAU公司等。国内的机器人应用技术起步晚、发展慢,其中中航工业625所、北京航空航天大学机器人研究所等科研院所,以及浙江大学、北京航空航天大学、西北工业大学等高校均对机器人自动制孔技术展开了研究和工程应用。

图1-9所示为EI公司与空中客车公司研制的基于导轨的ONCE移动机

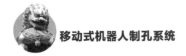

器人制孔系统,该系统采用 KUKA KR350 机器人和西门子 840Dsl 控制系统,增加机器人关节的二次反馈机制,使得机器人定位精度达到±0.25 mm,采用视觉测量技术在线检测孔质量及工位正确与否。在 F/A-18E 后缘襟翼生产中结合专用末端执行器和移动导轨实现双面制孔,孔径范围为 1~6 mm,其孔位误差约为±0.06 mm。

图 1-9　EI 公司与空中客车公司研制的基于导轨的 ONCE 移动机器人制孔系统

图 1-10 所示为 Broetje 公司研制的基于轨道的 Race 移动机器人制孔系统,采用自主研发的 Race 控制系统,对机器人实际尺寸、动平衡、温度、工作范围等进行了补偿,将机器人的定位精度提高到了±0.3 mm 以内。采用 Beckhoff 的 PLC 进行末端执行器的控制通信,并采用激光传感器测量定位点,实现舱门的自动制孔和铆接。该系统主要用于欧直公司的飞机货舱门制孔,孔位精度达±0.2 mm。

图 1-10　Broetje 公司基于轨道的 Race 移动机器人制孔系统

图 1-11 所示为意大利柯马公司(COMAU)研制的基于 AGV 移动平台的机器人制孔系统,采用 AGV 移动平台承载机器人、末端执行器、控制系统、排屑和冷却系统等,并且采用分站位式的工作方式,在 AGV 平台移动到位后启动机器人及其他附件完成制孔,然后移动至下一工位继续作业。这种基于 AGV 移

动平台的移动方式比基于轨道移动方式更加灵活,具有很高的适应性和柔性,能够根据所面向的产品需求和装配线布局进行简单编程和配置,可以便捷地完成制孔系统的移植改造,既灵活高效又节约成本。

图 1-11 COMAU 公司基于 AGV 移动平台的机器人制孔系统

目前国内的各大航空制造企业为提高生产制造的自动化水平,在引进国外自动钻铆机的同时,积极与国内各科研院所和高校合作,研制机器人自动制孔设备。图 1-12 所示为国内自主研制的机器人制孔系统,已用于各大航空制造企业。图 1-12(a)为浙江大学与陕西飞机工业(集团)有限公司研制的机器人制孔系统。图 1-12(b)为成都飞机工业(集团)有限公司引进的轨道式机器人制孔系统。图 1-12(c)为北京航空航天大学机器人研究所与沈阳飞机工业(集团)有限公司研制的机器人制孔系统,此系统针对钛合金飞机部件的加工,采用机器视觉引导制孔刀具准确定位。

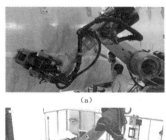

(a)

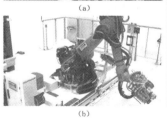

(b)

(c)

图 1-12 国内自主研制的机器人制孔系统

(a)浙江大学与陕西飞机工业(集团)有限公司研制的机器人制孔系统;(b)成都飞机工业(集团)有限公司引进的轨道式机器人制孔系统;(c)北京航空航天大学机器人研究所与沈阳飞机工业(集团)有限公司研制的机器人制孔系统

1.2.3 制孔末端执行器

制孔末端执行器作为机器人自动制孔系统的核心部件,是制孔作业的最终执行机构,其性能关系到所制孔的质量和精度。制孔末端执行器通常搭载在机器人终端关节臂上,由机器人带动其到达制孔位置,然后制孔末端执行器负责工件位置检测与补偿、工件压紧、一体化钻孔等任务。因此其涉及的技术领域较广,机械和电气结构较为复杂,被称为国内外制孔设备研制的关键环节。

国外制孔末端执行器技术已经较为成熟,图 1 - 13 所示为国外几种典型的机器人末端执行器。图 1 - 13(a)为 EI 公司 ONCE 钻削系统中用于复合材料制孔的机器人末端执行器,其采用同步摄像机对零部件进行扫描和定位,实施单侧压紧,并能够进行孔深度检测。图 1 - 13(b)为 Broetje 公司研制的双机器人钻铆末端执行器,能够实现钻孔、对铆和涂胶的功能。图 1 - 13(c)为瑞典 Novator公司研制的多功能末端执行器 Orbital E - D100,其自重为 130 kg,能够对工件进行压紧钻孔并可以排屑,钻孔最大深度可达 25 mm。同时,瑞典兰德大学在末端执行器上设计有力传感器,能够将压紧力实时反馈回控制系统,精准控制压紧力,防止产生毛刺或者孔变形。Broetje 公司为成都飞机工业(集团)有限公司设计的末端执行器采用激光扫描仪进行基准检测与找正。

(a)

(b)　　　　　　　　　　　(c)

图 1 - 13　国外典型的末端执行器

(a)EI 公司末端执行器;(b)Broetje 公司末端执行器;(c)Novator 公司末端执行器

　　国内研制的末端执行器尚处于发展阶段,图 1 - 14 所示为国内几款机器人制孔末端执行器。图 1 - 14(a)为北京航空航天大学和沈阳飞机工业(集团)有限公司共同研制的末端执行器 MDE60,通过气动单元实现工件的压紧并可以进行反馈控制,其使用工业相机建立和修正工件与机器人之间的关系。图 1 - 14(b)为北京航空航天大学机器人研究所研制的钻孔末端执行器,用于飞机壁板类零组件自动化制孔,可以一次切削不同材料叠加的工件,并可以实时反馈受力和检测刀具磨损情况。图 1 - 14(c)为南京航空航天大学研制的末端执行器,其最大的特点就是实现压力脚和进给滑台关联传动,让压紧力和钻削力的耦合,增强了机器人中的稳定性,同时缩短了进给行程,减轻质量并使结构更加紧凑。图 1 - 14(d)为浙江大学和西安飞机工业(集团)有限公司研制的用于飞机壁板制孔的机器人末端执行器,主要用于复合材料零部件的制孔,其采用悬挂方式安装在机器人终端,并通过激光位移传感器进行法向量的检测与调平,对锪窝深度使用光栅尺进行检测与控制。

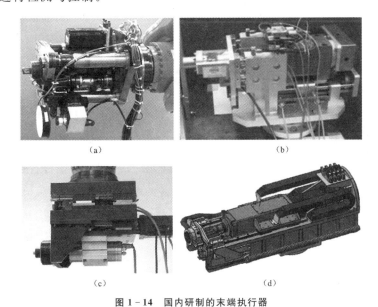

(a)　　　　　　　　　　　　　(b)

(c)　　　　　　　　　　　　　(d)

图 1 - 14　国内研制的末端执行器
(a)北京航空航天大学与沈阳飞机工业(集团)有限公司末端执行器;(b)北京航空航天大学末端执行器;
(c)南京航空航天大学联动末端执行器;(d)浙江大学与西安飞机工业(集团)有限公司末端执行器

1.2.4　制孔移动平台

　　移动平台技术广泛应用于大中型设备的移载中。由于机器人臂展和包络空

间有限,而飞机部件在制孔时一般固定不动,所以在航空工业机器人制孔中引入移动平台可以较大地提升机器人制孔系统的灵活性和可达性。目前,常用的移动平台有地轨式、气浮式和轮式3种。

1.地轨式移动平台

地轨式移动平台在机器人制孔技术中应用最早、最为广泛,技术也最为成熟。图1-15所示为成都飞机工业(集团)有限公司引进德国Broetje公司的导轨式移动机器人制孔系统,该移动平台采用地轨式,导轨采用2条THK公司的高刚性精密级线性导轨。滑块末端密封,自带QZ润滑装置和导轨刮板。导轨用软式防尘罩防护,以保持导轨清洁。

图1-15 成都飞机工业(集团)有限公司引进的导轨式移动机器人制孔系统

图1-16所示为美国EI公司研发的基于导轨的移动式机器人钻铆系统。该系统采用德国KUKA公司KR系列6轴机器人,机器人沿铺设在地表的导轨移动,利用多功能末端执行器完成飞机零部件的制孔工作。为提高机器人精度,该系统放弃KUKA自带的控制系统,而采用标准SIEMENS 840Dsl CNC系统控制机器人各轴的运动,并在机器人的每个关节上安装了高精度编码器,在不增加KUKA机器人运动轴数的情况下提高了机器人的定位精度。EI公司的机器人自动制孔系统定位精度优于±0.25 mm。该系统设计的制孔末端执行器具有自动压紧、自动涂胶、自动供钉、高精度制孔、孔深测量、真空排屑以及自动铣平等功能。

2.气浮式移动平台

气浮式移动平台利用气体薄膜技术托起并移动载荷,具有承载力强、与地面摩擦小、对地面无磨损、无污染、行走灵活等优点。意大利柯马公司一直致力于用于飞机装配的移动式制孔机器人的研发,已开发出基于气浮式的移动机器人制孔设备,如图1-17所示,将气浮式移动平台技术应用在机器人制孔系统中。

该制孔设备可根据加工工件进行站位选择,在工人的操作下利用气垫式移动平台将制孔机器人移动至相应工位,并通过液压锁实现机器人与地面固连,保证机器人制孔时的刚性。目前该设备已先后交付给空中客车公司、波音公司、诺斯洛普·格鲁门公司、洛克希德·马丁公司及其他航空企业使用。

图 1-16　EI 公司基于导轨的移动式机器人钻铆系统

图 1-17　柯马公司移动式机器人制孔系统

气浮式移动平台已经在我国开始研究并投入应用,但是国内的气浮式移动平台多用于重型设备移载。中国航天科工集团 8359 所自主研制的气垫运输平台,采用气垫模块实现气浮,结构形式简单,控制容易实现,经济高效,已形成负载范围 3～800 t 的系列化产品,图 1-18 为该所设计的用于大型试验设备的气垫移动平台及结构简图。另外,上海航天动力科技工程有限公司的气垫悬浮车

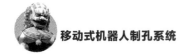

也已用于重型机械装配生产线。

3.轮式移动平台

轮式移动平台转向时需要转向空间,由于装配制造车间的空间受限,所以一般的轮式移动平台有诸多的不便。但是基于全向轮的移动平台在不需要转弯半径的情况下就可以实现转向,并且可以实现任意方向的行走,非常适合于车间使用,开始得到了越来越广泛的关注。图 1-19 所示为 KUKA 概念型全向轮式机器人原型图,提出了全向轮在机器人制孔方面应用的设想。

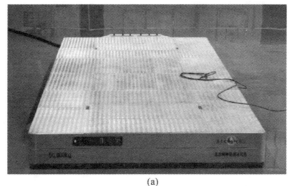

(a)

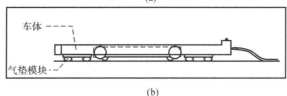

(b)

图 1-18 中国航天科工集团 8359 所研制的气垫运输平台

(a)气垫运输平台;(b)平台结构

图 1-19 KUKA 概念型全向轮式机器人原型图

全向轮移动平台是一种不仅能灵活实现平面内运载转移,还能进行空间调整的多自由度集成作业系统。随着计算机仿真优化、能源、通信、工业控制等技术的发展,全向轮移动平台的关键技术得以突破,从技术向产品转化的时机已经成熟。

国外对全向运动系统的研究和应用较为深入。Gfrerrer A.在画法几何的基础上,对麦克纳姆轮进行了详细的几何分析,推导了辊子曲面和母线的参数化方程,它可以精确描述辊子的几何特性,该方法给运动学建模和辊子的精确加工制造带来了方便;新加坡国立大学的 R.P.A.van Haendel 等人系统详细地研究了全向轮机器人的设计、建模、运动控制等问题,对全向轮移动机器人的设计和控制具有重要的指导意义;美国的波音、欧洲的空中客车等各大航空公司广泛使用具有全向运动功能的柔性运输架车,并且采用了全向的运动系统,显著地提高了生产效率,并很好地减少了飞机制造和装配的成本;美国 AIRTRAX 公司最早将全向轮技术应用于车辆商业化,设计和制造了具有全向性能的叉车和搬运车;德国的 KUKA 以及 AIT 公司设计制造的大型智能运输车成功应用于很多航空制造公司以及兵工企业,比较著名的是由 KUKA 公司研发和生产的基于麦克纳姆轮的全向智能运动装配机器人。

相较于国外,全向轮移动平台在我国的研究和应用较晚。随着经济的发展,我国对于全向移动平台的研究和应用越来越广泛。图 1-20 所示为美科斯与中国人民解放军装甲兵工程学院联合研发的国内首台可实现任意方向行走的"全方位移动叉车",可在狭小的空间内进行搬运工作,大大提高了工作效率,单位时间内的吞吐量大,仓库、货舱有效存放量高,动力方面采用了 4×4 电驱动技术,动力更大、机动性更强、行驶稳定性更好。

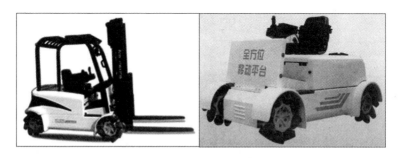

图 1-20 美科斯与中国人民解放军装甲兵工程学院联合研发的全方位移动叉车

目前,全向移动技术较为成熟,并且在国内外的应用较为深入,这对解决在狭窄空间的搬运工作具有较为突出的借鉴意义。随着机器人制孔系统在航空制

造中的广泛应用,将全向移动技术引入机器人制孔系统中,可以大大提高系统的灵活性、可达性。

  综上所述:目前机器人制孔移动平台以地轨式应用较多,技术较为成熟,但是地轨式移动平台占用了较大的工作空间,并且不利于维护和制孔精度的进一步提高;气浮式移动平台也有应用,而且气垫模块对于解决移动重载问题有很好的借鉴意义,技术也很成熟;普通的轮式移动平台受到装配车间空间的限制,应用于机器人制孔系统存在诸多不便,而全向轮移动平台具有好的运动灵活性,其在机器人制孔系统中的应用逐渐得到人们的关注和研究。

第 2 章

移动制孔机器人设备构成

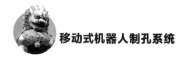

2.1.1 工作场景布局

图 2 - 1 所示为大飞机机翼固定前/后缘装配现场布局,其装配生产线长度均在 25 m 左右,左、右两侧工件呈对称分布且间距在 4.5 m 左右,每条装配线上配备有电源接口和气源接口。待制孔工件主要包括机翼前/后梁与对接接头、支臂组件叠层、肋板和前缘蒙皮叠层,且前梁和后梁工装之间间距为 8 m,前缘和前梁工装之间距离较远,对制孔系统的设计无参考意义,在此不予分析。

2.1.2 工件材料分析

待制孔的零部件的结构强度和装配质量是决定飞机整体性能及使用寿命的关键因素,其连接孔均是在两个或三个零件组装在一起的状态(即叠层状态)下制出来的,且零部件并非单一材料,表 2 - 1 为机翼固定前/后缘待制孔零部件的材料类型、孔径、待制孔数量以及夹层厚度信息。

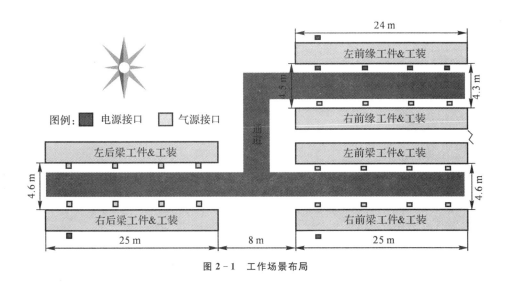

图 2-1 工作场景布局

表 2-1 待制孔工件分析

零部件名称	材　料	孔径/mm	待制孔数量/个	夹层厚度/mm
前梁	7050(喷丸处理)	φ5~8	约 1 000	8~26
后梁	7075(喷丸处理)	φ5~10	约 500	6~30
连接附件	吊挂 7085、角盒 2024	夹层厚度、孔径及数量与对应梁一致		
前缘	肋板、蒙皮(7575)	φ5~6	约 3 500	4~6

2.1.3 制孔精度要求

由于飞机装配有高精度的技术要求,且各零部件的连接孔精度是装配精度的主要保证条件,所以待制孔精度有明确的技术指标要求,包括所制孔的质量(如孔径精度、表面粗糙度、锪窝精度等)、孔的空间位置精度(如孔间距、排距、垂直度、位置度等),表 2-2 为机翼固定前/后缘待制孔的精度要求。

表 2-2 待制孔精度要求

项目名称	技术指标
孔径精度	DH9

续 表

项目名称	技术指标
表面粗糙度/μm	≤3.2
锪窝精度/mm	0～0.05
孔垂直度/(°)	90±0.5
孔间距误差/mm	≤±0.5
边距误差/mm	≤±0.5
排距误差/mm	≤±0.5
毛刺/mm	入口无,出口≤0.12

2.1.4　系统功能需求

根据图 2-1 所述加工线的布局,综合考虑飞机零部件的尺寸、材料及叠层厚度、制孔精度及数量等特点,为了完成机翼零部件的自动化制孔,移动机器人自动制孔系统工作范围要能够覆盖完整的机翼并可以实现左、右侧同时制孔,可以进行定位和工件基准与法向的精度补偿,同时制孔系统必须具备工件压紧的功能来消除叠层之间的间隙,并可以实现钻孔和锪窝一体化作业,为满足不同孔径需要,设备需要配备刀库并可以实现自动换刀。图 2-2 所示为自动制孔系统所需具备的主要功能。

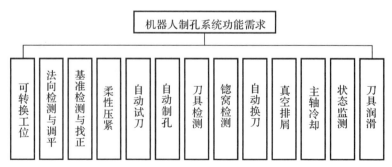

图 2-2　自动制孔系统功能需求

|2.2 制孔系统研究基础|

2.2.1 制孔系统整体结构

根据机翼固定前/后缘的制孔工程需求以及国内外研究现状,笔者所在研究团队(陕西省数字化特种制造装备工程技术研究中心)已完成移动机器人制孔设备整体结构设计与布局。文献[31]中设计采用 AGV 移动平台来扩展机器人制孔工作范围,实现全向移动、工位的灵活转换,以及机器人的升降锁紧和定位,机器人搭载自主研制的多功能制孔末端执行器,来实现机翼前/后梁、前缘蒙皮及其零部件的钻锪一体自动制孔,同时配备柔性刀库和全系列制孔刀具,以实现加工不同孔径和自动换刀的功能,为了防止振动和叠层错位,设置自动压紧功能,并有刀具检测防止断刀、真空排屑防止缠刀或划伤零件以及刀具润滑和电主轴冷却功能。图 2-3 所示为制孔系统整体结构与布局。

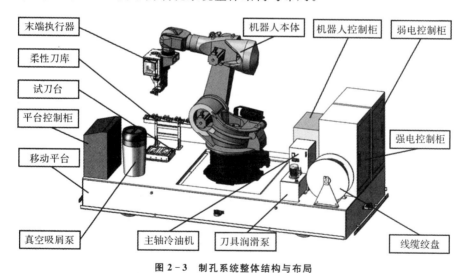

图 2-3 制孔系统整体结构与布局

2.2.2 移动平台

由于机翼固定前/后缘制孔加工所需空间大,且工装固定不动,机器人包络

空间有限,文献[31]中对制孔系统所采用 AGV 移动平台进行了详细的设计,使得移动平台作为制孔设备的载体,承载工业机器人、多功能末端执行器、柔性刀库、电气控制柜以及其他附件,从而提高自动制孔系统的加工柔性、对工件的适应性、制孔状态稳定性。所设计移动平台整体结构如图 2-4 所示,主要包括行走单元、浮动锁紧单元、控制单元和安全防护单元。

移动平台采用麦克纳姆全向轮作为运动机构,通过 AGV 视觉引导循迹移动,利用安装在车体上的 RFID(射频识别)定位系统寻找指定工位,浮动锁紧单元实现机器人升降及与地面锁紧,功能示意如图 2-5 所示,主要性能指标见表 2-3。

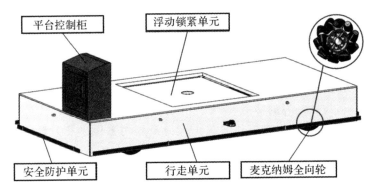

图 2-4　移动平台整体结构

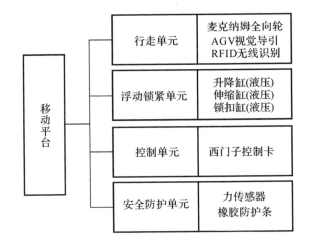

图 2-5　移动平台功能示意图

表 2-3　移动平台主要性能指标

项目名称	参数指标
平台尺寸/mm	约 5 000×2 300×658
材料	Q235 优质钢
循迹精度/cm	±1
停车精度/cm	±1
重载能力/t	>4
其他	运行平稳、刚度高、变形小

1.行走单元

行走单元由 4 个麦克纳姆轮组成,每个麦克纳姆轮由轮毂和若干辊子组成,单独由一个伺服电机驱动,辊子安装在轮毂周边,可自由旋转且轴线与轮毂轴线为特定角度,移动时通过四个电机驱动四个轮子,同步或差动来实现前进与后退、左右横移、斜向行驶、绕中心旋转等,有效解决空间限制问题;制孔过程中,当需要工位转换时,行走单元采用视觉导引方式,通过安装在行走单元前方的工业相机采集预先铺设在地面的导引线来循迹,确保制孔系统在可控区间内运动。

2.浮动锁紧单元

浮动锁紧单元用于安装搭载工业机器人、柔性刀库、试刀台,将三者集成为一体,保证自动换刀和试刀的空间位置;浮动锁紧单元中设计有三组液压缸(升降缸、伸缩缸、锁扣缸)、两组锥销、一个定位面和两组锁紧机构实现浮动锁紧单元的浮动、定位和锁紧。当行走单位移动时,浮动锁紧单元与行走单元相联一起运动;当制孔设备 RFID 传感器扫描到指定工位时,浮动锁紧单元的三组液压缸的伸缩使浮动锁紧单元沿上下移动并与行走单元分离,实现浮动,两个锥销插入销孔中,两锥窝一平面呈等腰三角形布置,实现浮动锁紧单元与地面贴合定位;然后两组锁紧机构通过液压施力与地面上预设的钩槽锁紧,保证制孔设备工作时机器人与地面可靠固连。

3.控制单元

控制单元采用西门子控制卡,接受上位机控制指令,并有内部控制算法进行解析,分别对 4 个麦克纳姆轮的驱动电机进行控制,驱动电机通过减速器、轴承、安装法兰等机械结构驱动麦克纳姆轮以不同的转速和转向完成 AGV 平台的

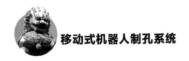
运动。

4.安全防护单元

安全防护单元设置在移动平台车体四周,采用橡胶防护条包裹压力传感器,一旦移动平台与障碍物接触,压力传感器反馈给控制单元,控制移动平台紧急停车。

2.2.3　制孔机器人

关节式工业机器人具有较高的可达性、可操作性,该制孔系统采用六自由度高精度工业机器人,搭载多功能末端制孔执行器,执行运动程序实现对末端执行器的轨迹规划及定位功能,工作时机器人带动末端执行器自动完成换刀、试刀、法向和基准检测与修正,以及一体化制孔功能。

文献[34]中对机器人的选型原则、制孔工作空间、末端执行器的外观尺寸和质量,以及制孔时切削力产生的扭矩等进行分析,并结合待选工业机器人的工作包络空间、最大负载、轴数及各轴额定扭矩、空间定位精度和重复定位精度、惯性、稳定性及易维护性等参考指标,选定德国 KUKA 公司 KR500-3 型高精度工业机器人,以及 KR C4 机器人控制柜及其附件,如图 2-6 所示,参数指标见表 2-4。

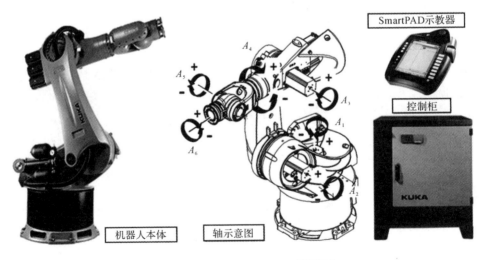

图 2-6　KUKA 公司 KR500-3 型机器人

表 2-4 **KUKA 公司 KR500-3 机器人及 KR C4 机器人控制柜参数指标**

	项目名称	参数指标
机器人本体	本体型号	KR 500-3
	有效负载/kg	500
	最大臂展/mm	2 825
	工作包络空间/m³	68
	质量/kg	2 375
	重复定位精度/mm	0.08
	最大扭矩运动范围	$A_1:\pm185°$ $A_2:+20°/-130°$ $A_3:+144°/-100°$ $A_4:\pm350°$ $A_5:\pm120°$ $A_6:\pm350°$
控制柜	控制柜型号	KR C4 Standard
	质量/kg	150
	外形尺寸/mm	950×790×520
	轴数(最大)/个	8
	电源额定输入	AC(交流)3×400 V、49~61 Hz
	额定输入功率/(kV·A)	13.5
	控制电源/V	DC(直流)27.1±0.1

2.2.4 制孔末端执行器

末端执行器作为移动机器人自动制孔系统最终的关键执行机构,主要作用是自动换刀及试刀、刀具检测、基准和法向检测、真空排屑、一体化制孔等,因此末端执行器的性能直接影响着制孔质量。

根据制孔精度技术要求和制孔设备功能需求,可将末端执行器划分为制孔单元、压紧单元、法向检测单元、基准检测单元、真空排屑单元、电气集成单元与连接法兰。末端执行器结构如图 2-7 所示,其主要技术参数见表 2-5。

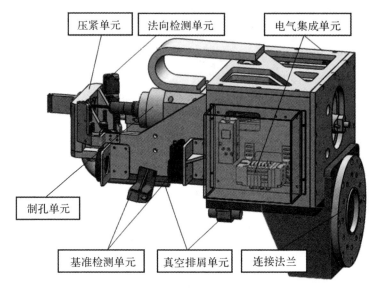

图 2 - 7　末端执行器总体结构

表 2 - 5　末端执行器主要技术参数

性能指标	参　数	性能指标	参　数
压紧力范围及精度	$10\sim800$ N、$\pm5\%$	法向测量精度/(°)	±0.2
可制孔径范围/mm	$\phi5\sim10$	基准测量精度/mm	±0.1
制孔效率/(个·min^{-1})	5	锪窝控制精度/mm	$0\sim0.05$

1.制孔单元

制孔系统工作时,末端执行器实现刀具的旋转和进给,其中刀具的旋转运动是通过 Fischer 高精度电主轴实现的,进给运动是通过 Rexroth 伺服电机和传动机构实现的,因此制孔单元是末端执行器的关键单元。

制孔单元主要包括电主轴、高精度进给滑台、硬质合金刀具、进给电机、锪窝传感器(长度计)、刀具检测传感器(反射式激光传感器)、滑台限位开关(接近开关)。其中:进给电机驱动高精度进给滑台,实现电主轴的高精度进给;电主轴带动钻铰锪一体化刀具高速旋转;锪窝传感器用来实时检测和闭环反馈刀具进给量,实现进给的精确控制;刀具检测传感器用于钻孔前检测刀具是否有断刀现象;滑台限位开关分别安装在高精度进给滑台的前、后、中间固定位置,用于限定电主轴的行程,保证电主轴在安全行程范围内运行。

2.压紧单元

分析飞机装配结构制孔需求,发现加工对象多数为叠层零部件,为避免钻孔时叠层间产生毛刺以及振动对叠层的影响,末端执行器须设计有压紧单元,在制孔时对工件进行局部压紧,一是消除叠层之间的间隙,二是压紧力能对末端执行器姿态由于重力造成的影响进行补偿,三是压紧使结构紧凑,增加了制孔机器人工作时的刚性。

末端执行器压紧单元由压紧气缸和数字比例调压阀、压力脚、压力鼻、THK高精度导轨滑块等组成。压紧气缸通过双耳环和球铰链连接压力脚和压力鼻,通过控制数字比例调压阀实时检测和控制压紧力,实现对工件的局部柔性压紧。由于制孔时工件中有较多筋板干涉,所以采用长刀具进行制孔,避免末端执行器和工件筋板干涉,当采用压力鼻压紧时,压力鼻前端设计有刀具导引套,以消除长刀具因为高速旋转而产生的轴线偏移,对刀具进行调心导向,图2-8所示为压力鼻及刀具导引套,并且导引套采用不同直径导向孔,可以在自动换刀时一并完成导引套的自动更换。

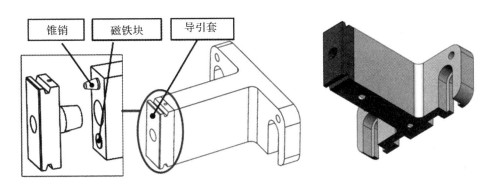

图2-8 压力鼻及刀具导引套

3.法向检测单元

为了满足制孔精度技术要求中孔的垂直度要求,末端执行器具备法向检测功能。法向检测单元由4个对称分布的激光测距传感器(法向传感器)构成。根据4个激光测距传感器所测得的与工件的距离,计算刀具轴线与工件表面法向量的夹角。

4.基准检测单元

由于机器人运动路径程序是通过离线编程根据数模上的理论点位形成的,

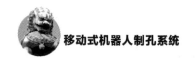

所以在实际加工应用过程中,工件与工装的安装定位误差、机器人的绝对定位误差等,会使得数模中待加工孔的孔位信息与实际的孔位信息存在偏差。基准检测单元由高精度工业相机、专用同轴光源和测距传感器(Z 向传感器)构成。

5.真空排屑单元

末端执行器执行制孔任务时,刀具具有断屑结构,会产生大量的碎屑,为了防止切屑堆积划伤零部件,同时也为了保障末端执行器正常工作以及厂房的 6S 管理,末端执行器配备真空排屑收集的功能。真空排屑单元由排屑管、伸缩软管组成,结合压力鼻和吸屑泵实现排屑功能。

6.电气集成单元

电气集成单元将末端执行器所需要的气动单元和电控信号单元进行集成,简化了整体结构,方便系统维护。气动单元由集成阀导、数字比例调压阀等组成,用于给末端执行器供给特定压力的气体。电控信号单元主要用于安装各传感器的放大器和现场端子盒,以及采集传感器的数据并反馈给上位机。

7.连接法兰

机器人连接法兰用于将末端执行器固连在机器人第六轴法兰上,制孔时机器人带动末端执行器运行运动程序。目前该系统采用机械式法兰固定连接,并采用同轴式(平行轴式)连接方式,根据所选机器人连接法兰的尺寸设计末端连接法兰,以保证机器人与末端执行器的可靠连接与精度。

2.2.5 柔性刀库

由于自动制孔系统需要实现自动换刀功能,而且为了避免换刀时末端执行器和刀库的刚性碰撞,所以设计了一种能够防止碰撞的柔性刀库,该刀库包括刀库支座、柔性支撑板、刀夹、刀柄检测传感器及弹簧等,总体结构如图 2-9 所示。其中:柔性支撑板通过水平弹簧和竖直弹簧安装于刀库支座上,并可以通过紧固螺栓来调整预紧力,大幅减小了自动换刀时末端执行器和刀库之间碰撞的影响;刀夹通过压缩弹簧与芯轴安装在柔性支撑板上,刀夹由两个相互对称的夹块通过恢复弹簧连接,并通过芯轴与柔性支撑板连接,夹块上设计有刀柄卡槽,卡槽位置安装刀柄检测传感器,用于检测是否空位。该柔性刀库能够配合机器人和末端执行器完成自动换刀,保证刀库、电主轴和机器人的安全。

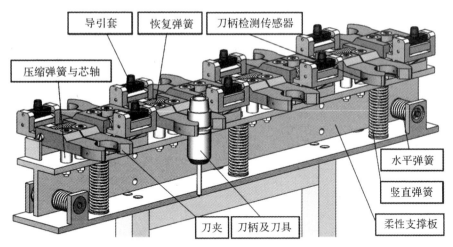

导引套　恢复弹簧　刀柄检测传感器

压缩弹簧与芯轴

水平弹簧

竖直弹簧

柔性支撑板

刀夹　刀柄及刀具

图 2-9　柔性刀库结构

2.2.6　控制系统整体架构

下面根据制孔问题的描述与分析,对移动机器人自动制孔系统的控制系统总体结构进行设计搭建。如图 2-10 所示,自上而下共包含 4 层,分别是离线控制层、中央控制层、现场控制层和执行层。该控制系统实现了机器人、末端执行器、移动平台等协同动作,从而可完成整个大飞机机翼超长零部件的自动化精确制孔任务。控制系统采用"EtherCAT+Profibus"总线构建主从分布式控制结构,实现主站与从站之间数据实时、准确、快速的传输,既能保证控制系统的先进性,又能节约成本。

1.离线控制层

离线编程系统的主要作用是根据工件、工装、自动制孔系统的理论数模,在离线的状态下根据待制孔的点位信息,编写机器人运动程序并分配工具以及工件坐标系,在离线程序编写过程中,对机器人的运动轨迹、末端执行器的动作进行模拟仿真验证,然后优化避障处理,并对机器人的速度和姿态进行优化处理,得到安全可靠、高效流畅的机器人运动程序;此外对导出的程序进行后置处理,添加机器人与末端执行器及其他附件的交互信号或者需要调用的子程序名称,最后形成完整的机器人制孔程序,以待后期实际验证和使用。

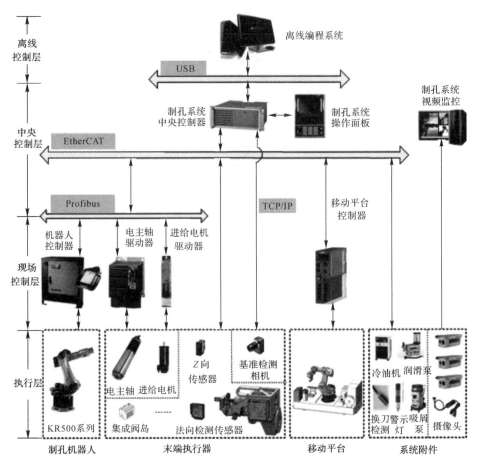

图 2-10　制孔控制系统总体结构

2.中央控制层

中央控制层采用 Beckhoff 工业 PC C5101 作为控制核心,结合 Beckhoff 面板完成系统集成监控与控制。Beckhoff 工业 PC 中内置 TwinCAT 控制软件,通过 TwinCAT 实现整个系统的通信,完成工业现场的组态集成和实时控制。同时 Beckhoff 工业 PC 作为主站,基于 Profibus 现场总线来控制从站,从站包括机器人、进给电机和电主轴等。Beckhoff 控制面板 CP6942 集成数字键、功能键、字母键、个性化扩展功能键,可实现上位机对整个自动制孔系统便捷的配置、调度和管理。

3.现场控制层

现场控制层主要包括 KUKA 机器人 KR C4 控制器、移动平台控制器、电主轴驱动器、进给电机驱动器以及 Beckhoff 的 EtherCAT 端子和端子盒。机器人控制器主要完成对机器人的运动控制、工作区域监控以及机器人安全防护等功能,同时,机器人的控制器能通过 Profibus 现场总线与中央控制器进行数据通信;移动平台控制器主要完成对移动平台的运动控制、路径安全监控和浮动锁紧单元动作控制;电主轴驱动器用于接收上位机的控制信号,以控制电主轴的旋转变速和停转;进给电机驱动器用于控制电机旋转,通过传动同步实现高精度滑台的进给,结合主轴的旋转完成当前位置的制孔任务。

4.执行层

执行层包含制孔系统中的各个动作单元,主要由制孔末端执行器、机器人本体、移动平台本体以及系统附件组成。执行层是自动制孔系统的末端环节,其在中央控制层和现场控制层的控制下,实现设备的移动、定位、精度补偿、制孔以及安全监控等工作。

2.2.7　工位划分与布局

移动机器人自动制孔系统的加工对象是大飞机机翼固定前/后缘的零部件,由于待制孔工件尺寸大且对称分布,所以须采用分工位的方式完成制孔工作,根据机器人的加工包络空间、制孔姿态及精度、孔位分布确定工位的长度,移动平台转换工位定位紧固,工作时制孔系统在左、右对称分布的零件中间运动,以实现在当前工位左、右双面的加工,提高设备制孔效率。图 2-11 所示为机翼固定前/后缘待制孔零部件布局。

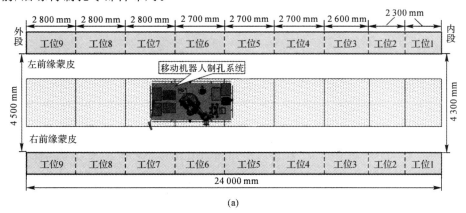

(a)

图 2-11　机翼固定前/后缘待制孔零部件布局

(a)前缘蒙皮制孔工位划分

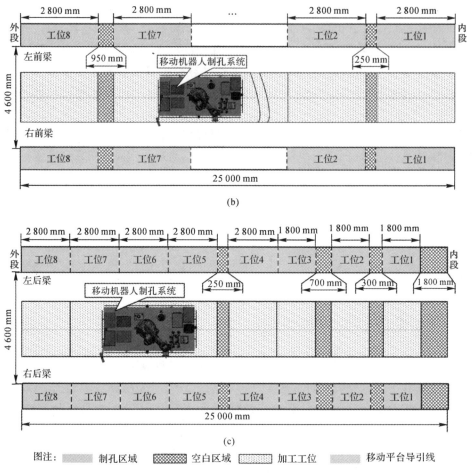

图注：▨ 制孔区域　▨ 空白区域　▢ 加工工位　▨ 移动平台导引线

续图 2-11　机翼固定前/后缘待制孔零部件布局
(b)前梁制孔工位划分；(c)后梁制孔工位划分

|2.3　制孔过程关键技术分析|

移动机器人制孔系统工作时，由于存在理论数模与实际误差、机器人绝对定位误差，以及系统复杂的控制需求，所以系统研制时需要研究并解决移动机器人制孔应用的关键技术问题，否则制孔系统无法达到设计指标要求。

2.3.1　移动平台设计与优化

制孔系统面向的加工对象为大飞机机翼零部件,尺寸较大,因此制孔系统需要具有移动功能,这样才能够实现工位的全覆盖,移动平台的性能关系到制孔系统的机动性和可靠性,需要完成移动平台核心功能单元的设计,实现制孔设备的全向移动、锁紧与定位功能。

2.3.2　末端执行器设计与优化

移动机器人制孔系统中,末端执行器是制孔的最终执行单元,在机器人带动末端执行器到达程序设定位置后,由末端执行器完成钻孔循环,末端执行器的性能直接决定了所制孔的质量,同时也是影响制孔效率的主要因素。

2.3.3　坐标系分析与标定

移动机器人制孔系统工作时需要各功能单元共同完成相应动作,为了保证制孔系统的功能和精度要求,必须明确制孔系统中各个功能单元之间的相对位置关系,否则如果相对位置关系不精确,即使程序精度控制再高也是徒劳,在系统应用前须将各个功能单元和待加工对象的空间位置统一起来,即标定出与各功能单元固连的坐标系之间的关系,机器人才能够按照预定的程序路径运动,末端执行器才能够精确地识别工件的位置。因此,需要设计一种自动制孔系统相关坐标系快速建立和标定的方法,以解决机器人制孔系统快速准确定位的关键问题。

2.3.4　法向调平和基准找正

由于存在工件安装误差、制孔系统实际定位误差以及机器人运动绝对误差等,导致自动制孔系统与工装和待加工件的实际位置与离线编程时所使用数模的理论位置存在误差,制孔时难以保证孔的垂直度和位置度,所以需要移动机器人制孔系统能够实现精准的工件基准检测和找正、法向检测与调平,得到制孔系统和待加工工件的精确关系,以保证制孔精度要求。因此,需要设计一种精准的法向调平、基准找正的方法,以消除实际制孔过程中的理论位置和实际位置的误差,从而保证制孔精度要求中 0.5°垂直度误差限和 0.5 mm 位置误差限。

2.3.5 制孔系统协同控制

要实现移动机器人制孔系统中多个功能单元的有效控制,就必须进行大量的信息交互与协调,以避免单独控制所导致的信息冲突或不同步给制孔系统和工件造成不可逆的破坏,因此要求控制系统能够实现各功能单元的集成、协同控制,对系统中各单元实行统一管理与调度,与此同时控制系统须具有很好的实时性,能够有条不紊地实现各个单元之间的信息匹配与交互,这样才能够实现制孔系统中各单元遵循既定的制孔工艺要求与规范,协调完成高精度、高质量、高效率的制孔任务。

第 3 章

制孔末端执行器设计

|3.1 压紧单元设计|

3.1.1 制孔压紧需求分析

1.单向压紧需求

移动式机器人自动制孔设备完成制孔作业需要机器人与末端执行器的相互配合,此时执行机构就相当于一个悬臂结构,而且机器人手臂相对较长,机器人末端连接的制孔执行器较重,这很容易导致机器人的刚性不足,当制孔设备制孔作业时非常容易受到制孔切削力的影响从而发生震颤,震颤产生的不良效果不仅会影响所制孔的圆度及其表面质量,而且会危及整个设备的安全运行。

为解决以上问题,制孔设备末端执行器中必须设计一套压紧结构,其主要作用如下:

(1)在制孔时给工件施加一定的压紧力。这相当于给自动制孔设备提供一个辅助支撑点,保证了制孔时机器人的刚性,在一定程度上抑制了制孔震颤。

(2)消除飞机薄壁结构件夹层之间的间隙。自动机器人制孔工件一般都是夹层结构,若制孔时不进行压紧,飞机薄壁结构件的贴合面会在钻削力的作用下分离,从而产生与出口毛刺性质相似的贴合面毛刺,这将大大影响机体机构的疲劳寿命。通过局部施加压紧力可克服贴合面的分离,从而有效减少贴合面毛刺的产生和切屑的进入。图 3-1 所示为施加压力前、后工件贴合度对比示意图。

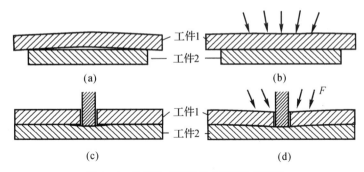

图 3-1 施压前、后工件贴合度对比示意图
(a)加工误差引起的界面间隙;(b)施压后结果;(c)钻削力引起的间隙;(d)压紧后结果

在压紧方式上,与传统的自动化钻铆设备钻孔时采用双向压紧的方式不同,移动式机器人自动制孔设备采用的是单向压紧技术,即制孔时在工件一侧局部施加压紧力。采用单向压紧技术将对压紧力控制提出更高的要求,若压紧力太小将无法消除夹层结构件间的间隙,若压紧力过大则会导致工件的变形,对工件造成破坏。因此,制孔设备须采用高精度数字调压阀来控制压紧力的大小,以确保制孔时对工件的压紧力适当。

2.压紧单元功能需求

压紧单元为末端执行器的核心单元之一,根据制孔工艺及机器人自动制孔技术要求,压紧单元须满足以下要求:

(1)压紧力可调。根据不同加工对象,能够在 10~1 000 N 之间根据程序设定自由调节。

(2)柔性压紧。压紧单元的压紧速度可调,以防止过快对工件产生冲击破坏或过慢影响制孔效率。

(3)压紧力稳定。在制孔过程中压紧力所允许的变动范围为±5%。

(4)刚性大。除予电主轴进给方向保留自由度外,其余各个方向具有足够的刚性,确保压紧效果。

3.1.2　压紧方式优选

末端执行器压紧单元结构驱动方式一般有两种:气动驱动和电动驱动。气动驱动就是采用气缸与压紧单元结构固连,通过气缸活动杆的伸缩来实现压紧,通过控制通入气缸压缩空气的压力来控制压紧力的大小。电动驱动一般是采用丝杠螺母机构将压紧单元结构与电机连接,通过电机的正反转来实现压紧,通过设定电机输出扭矩的大小来控制压紧力的大小。两种驱动方式的优、缺点见表3-1。

表3-1 气动驱动与电动驱动方案对比

驱动方式	优 点	缺 点
气动驱动	结构紧凑、质量轻、成本较低、易实现	压紧速度不易控制
电动驱动	压紧速度可调、效率高	结构复杂、成本较高

根据对两种驱动方式优、缺点的对比分析及自动制孔设备的要求,最终决定采用气动驱动作为末端执行器压紧单元结构的驱动方式。

3.1.3 压紧单元整体结构设计

压紧单元整体结构如图3-2所示,该压紧单元主要由压力鼻、压力脚、双耳环、球头轴承、压紧气缸、滚珠导轨滑块和真空旁路块等部件组成。

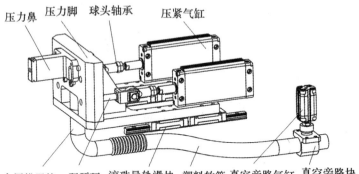

图3-2 压紧单元整体结构

压力鼻固连在压力脚上,压力脚通过球头轴承和双耳环与压紧气缸连接,球头轴承具有自调心功能,可在一定的加工及装配误差内很好地完成压力脚单元的连接。

压力脚通过高精度导轨滑块实现与末端执行器底板的连接,同时保证压力脚一个方向自由移动外的其他方向的刚性。

压力脚底端开有排屑孔,并通过金属排屑管和塑料软管与真空旁路块连接,真空旁路块通过真空旁路气缸来控制压力脚排屑孔与真空发生器连接管路的通断。

1.压力鼻

移动机器人制孔设备需在机翼梁特殊结构下完成高精度制孔,为此对压力鼻进行了如图3-3所示的特殊设计,通过加长压力鼻长度来完成机翼梁结构高筋板附近孔的钻制。

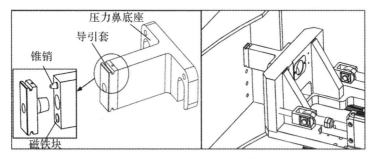

图3-3 压力鼻结构和特殊工况模拟图

为满足制孔设备在此种特殊工况下的正常制孔,钻孔刀具长度也相应加长,为保证制孔精度及制孔安全,在压力鼻前端设计有刀具导引套,用于对刀具的引导。导引套设计为可自动更换式,在制孔设备完成自动换刀后可随即完成相应导引套的自动更换。压力鼻基座上设计有锥销和磁铁块,通过锥销来保证导引套自动更换时位置的准确性,并通过磁铁来实现它与压力鼻底座的连接,防止导引套在设备运行过程中发生掉落。这种设计在不影响压紧功能的前提下大大提高了机器人自动制孔设备的自动化程度。

2.压力脚

压力脚由互相垂直的两块铝板组成,其一端通过压力鼻压紧工件,另一端通过滚珠导轨滑块连接到末端执行器底板上。图3-4所示为压力脚结构图。

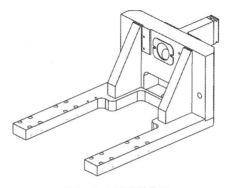

图3-4 压力脚结构图

3.压力脚受力分析

进行制孔作业时,压紧力沿末端执行器电主轴轴向且最大不超过 1 000 N。末端执行器工作时,压力脚始终沿刀具轴向,且与工件表面法向偏差不超过 ±0.5°,导轨滑块在主轴径向受力较小,分析时可忽略。重力相对较小,可一并忽略,则压力脚受力分析如图 3-5 所示。

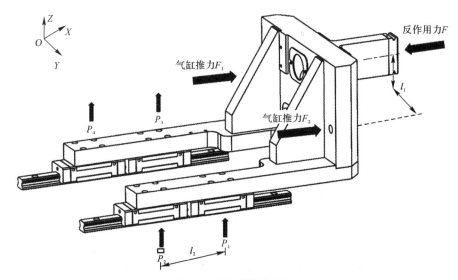

图 3-5　压力脚受力分析

由图 3-5,有

$$P_1 = P_3 = \frac{Fl_1}{2l_2} \tag{3-1}$$

$$P_2 = P_4 = -\frac{Fl_1}{2l_2} \tag{3-2}$$

式中:F——压紧气缸最大输出压力;

l_1——压力鼻中心与气缸推杆中心的竖直距离;

l_2——同一导轨上两滑块的中心距离。

将 $F = 1\ 000$ N,$l_1 = 100$ mm,$l_2 = 70$ mm 代入式(3-1)和式(3-2),可得

$$P_1 = P_3 = 714 \text{ N} \tag{3-3}$$

$$P_2 = P_4 = -714 \text{ N} \tag{3-4}$$

4.压力脚静力学分析

压力脚材料选用 7075 - T7451 铝合金,质量约为 1.8 kg。该材料广泛应用于航空航天、交通运输和其他需要轻量化、高强度和良好的耐蚀性结构部件。

表 3-2 为铝合金 7075 机械性能参数。

表 3-2　铝合金 7075 机械性能参数

项　目	密度/(kg·m⁻³)	弹性模量/MPa	屈服强度/MPa	抗拉强度/MPa	泊松比
参　数	2.83×10^3	72 000	470	510	0.33

综合压力脚受力分析以及参考所用材质机械性能参数,通过有限元软件对压力脚模型进行受力形变分析和应力分析,结果如图 3-6 所示。

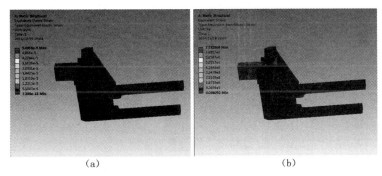

（a）　　　　　　　　　　　　　　（b）

图 3-6　压力脚有限元分析

(a)压力脚变形量；(b)压力脚应力分布

由分析可知,在压紧力最大 1 000 N 时,压力脚压板最大形变量约为 1 μm,满足技术要求。其所受应力也远小于材料的许用应力。

3.1.4　压紧工作原理

压紧单元采用双侧气缸驱动,气压控制通过比例阀实现,比例阀是通过接收软 PLC 控制命令来将压缩空气气压调节到设定值的,通过节流阀来控制压紧单元速度。工作流程如图 3-7 所示,首先调节好节流阀并通过程序设定好压力值后将信号发送给比例阀,然后打开气阀,压紧气缸通气后带动压力脚和压力鼻推出压紧工件,此时压力为设定值。

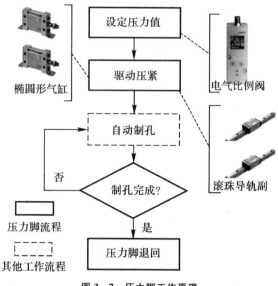

图 3-7 压力脚工作原理

3.1.5 成品件的选型与校核计算

1.滚珠导轨

滚珠导轨滑块选用 THK 公司 SHW12C 系列 P 级精度 C1 间隙直线导轨，SHW 型导轨滚珠采用 90°接触设计，与 45°接触构造相比额定载荷大、寿命长、精度高、刚性好。

由压力脚受力分析结果可知，单一滑块所受最大径向力约为 714 N，其余工况为：①机床行业；②有低频冲击；③标准导轨；④常温工作；⑤双滑块双轴。

根据校核公式，导轨滑块副的静态安全系数为

$$f_s \leqslant \frac{f_H f_T f_C C_0}{P_R} \tag{3-5}$$

式中：f_s——静态安全系数；

f_H——硬度系数；

f_T——温度系数；

f_C——接触系数；

C_0——基本静态额定载荷；

P_R——径向负荷。

将 $f_s=3$，$f_H=1$，$f_T=1$，$f_C=1$，$C_0=11.1$ kN，$P_R=714$ N 代入式（3-5），可

得导轨滑块副的静态安全系数为 15.5 ＞ 3,因此导轨安全系数满足要求。

2.压紧气缸

考虑压紧单元性能指标要求,并尽量减小末端执行器整体尺寸,选用的 Festo 公司 DZF 系列扁平气缸,如图 3－8(a)所示。该系列气缸采用椭圆形活塞设计,占用空间较小,图 3－8(b)所示为其与同等规格普通气缸尺寸对比。

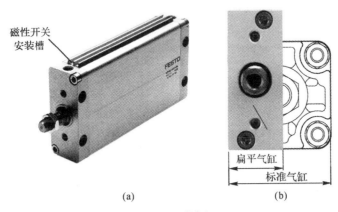

(a)   (b)

图 3－8　压紧气缸

(a)扁平气缸;(b)尺寸对比

所选压力气缸性能参数见表 3－3,缸径 40 mm,当使用气体压力为 0.5 MPa 时,单个气缸理论输出力约为 754 N,静态压紧取负载率 80％,则一对压紧气缸可输出约 1 000 N 压紧力。压力气缸上预留有磁性开关安装槽。磁性开关用于检测气缸有无动作,并将检测型号返回控制系统,使制孔工作有序进行。

压力气缸压紧力调节元件选用如图 3－9(a)所示的 Festo 公司 VPPM 系列数字比例阀,其性能参数见表 3－4。该系列比例阀内置运算模块,采用闭环反馈控制方案对压力脚气缸压力进行实时反馈控制,整体调节精度可达 1％。其控制原理如图 3－9(b)所示。

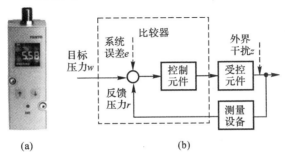

(a)   (b)

图 3－9　数字比例减压阀及控制原理图

(a)比例阀;(b)调压原理

表 3-3　压紧气缸规格

项　目	活塞杆形式	缸径/mm	行程/mm	输出力/N(0.6 MPa)	质量/g	磁性开关
规　格	双作用	40	25	754	580	有

表 3-4　比例减压阀规格

项　目	调节范围/MPa	线性误差/(%)	调节精度/(%)	重复精度/(%)	电流信号/mA
规　格	0.06~0.6	±0.5	1	0.5	0~40

|3.2　制孔单元设计|

3.2.1　制孔单元性能需求

　　制孔单元作为末端执行器的核心单元之一,其主要功能为实现直径 $\varphi5\sim10$ mm 螺栓孔及铆钉孔的高精度钻制,同时制孔单元还必须满足以下要求:

　　(1)高速钻削。为保证制孔质量及效率,末端执行器应具备高速钻削的能力,其制孔所能达到最高转速不能低于 15 000 r/min。

　　(2)钻铰锪一体。为保证制孔精度及制孔效率,制孔单元一次钻制需完成钻孔、铰孔、锪窝三个工序。

　　(3)高精度制孔。制孔精度 H9,孔光洁度 $Ra\leqslant3.2$ μm,且采用复合刀具,钻铰锪一次性加工到位。

　　(4)高精度锪窝。锪窝深度精度为 ±0.05 mm。

　　(5)自动松拉刀。电主轴必须具备自动松拉刀功能,以配合机器人自动制孔设备完成自动换刀。

　　(6)刀具内冷。电主轴必须具备刀具内冷功能,以保障制孔质量和刀具寿命。

3.2.2　制孔单元整体结构设计

　　图 3-10 所示为制孔单元的整体结构,制孔单元主要包括一体式滑台、同步

带轮、伺服电机、电主轴夹紧座、电主轴、刀柄及复合刀具。伺服电机通过同步带轮驱动一体式滑台滑块的直线移动,电主轴通过电主轴夹紧座与滑块连接实现进给运动。锪窝传感器安装在电主轴夹紧座底部,用来实时监控钻孔及锪窝深度。

伺服电机通过侧置方式与滑台连接,此方式使得制孔单元结构更紧凑、中心分配更合理。伺服电机与滑台之间采用同步带轮传递动力,其传动比为 1∶1。

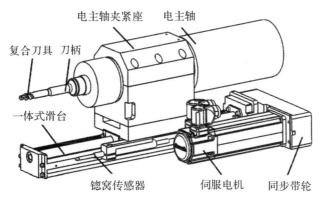

图 3-10   制孔单元整体结构图

制孔时,伺服电机驱动滑台完成电主轴进给运动,通过锪窝传感器控制制孔深度和锪窝深度,电主轴配合刀柄及刀具完成高质量制孔。电主轴采用循环油冷的方式保证高速下长时间持续工作。电主轴具备刀具内冷功能,冷却油雾可穿过电主轴到达刀具中心,实现对刀具的冷却和润滑。锪窝传感器具有很高的测量精度和反应速度,这保证了制孔锪窝深度的高精度控制。

3.2.3   制孔关键参数计算

制孔单元采用复合刀具能实现制孔一次成型,进行制孔关键参数计算时,主要考察其钻削阶段(受力较大),相关核算参数见表 3-5。

表 3-5   核算参数

项　目	参　数
电主轴转速/(r·min^{-1})	3 000
进给速度/(mm·min^{-1})	300
制孔孔径/mm	$\phi 5 \sim 10$
材料硬度/HB	150
材料厚度/mm	15

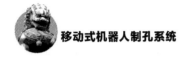

1.切削转矩

根据机械工艺手册,切削转矩计算公式为

$$M = C_M d_0^{Z_M} f^{y_M} k_M \qquad (3-6)$$

式中:C_M——加工材料相关系数(铝合金7075);

Z_M——加工材料相关系数(铝合金7075);

y_M——加工材料相关系数(铝合金7075);

d_0——刀具直径($\varphi 8$);

f——进给速度;

k_M——修正系数(加工条件及刀具相关),$k_M = k_{MM} k_{xM} k_{vM} = 0.9$。

将$C_M = 0.117, Z_M = 2.0, y_M = 0.8, d_0 = 8$ mm,$f = 0.1$ mm/r,k_M代入式(3-6),可知电主轴切削转矩需求为

$$M = 0.117 \times 8^{2.0} \times 0.1^{0.8} \times 0.9 \approx 1.068 \text{ (N} \cdot \text{m)} \qquad (3-7)$$

2.切削速度

根据机械工艺手册,切削速度核算公式为

$$v = \frac{c_v d_0^{Z_v}}{T^m a_p^{x_v} f^{y_v}} k_v \text{ (m/min)} \qquad (3-8)$$

式中:c_v——与加工材料、刀具相关的系数(铝合金7075、硬质合金),$c_v = 26.2$;

Z_v——与加工材料、刀具相关的系数(铝合金7075、硬质合金),$Z_v = 0.45$;

x_v——与加工材料、刀具相关的系数(铝合金7075、硬质合金),$x_v = 0$;

y_v——与加工材料、刀具相关的系数(铝合金7075、硬质合金),$y_v = 0.3$;

m——与加工材料、刀具相关的系数(铝合金7075、硬质合金),$m = 0.2$;

T——刀具寿命(材料及刀具相关),$T = 35$;

d_0——刀具直径($\varphi 8$),$d_0 = 8$ mm;

a_p——背吃刀量,$a_p = d_0/2 = 4$;

f——切削速度,$f = 0.1$ mm/r;

k_v——修正系数(加工条件及刀具相关),$k_v = k_{Tv} k_{Mv} k_{Wv} k_{tv} k_{ov} k_{lv} = 2.89$。

将各参数代入式(3-8),可知切削速度为

$$v = \frac{26.2 \times 8^{0.45}}{3 5^{0.2} \times 4^0 \times 0.1^{0.3}} \times 2.89 = 189.14 \text{ (m/min)} \qquad (3-9)$$

3.制孔功率

电主轴制孔所需功率为

$$P_m = \frac{Mv}{30 d_0} \qquad (3-10)$$

式中:M——制孔扭矩[式(3-7)中计算结果],$M = 1.068$ N $\cdot$ m;

v——切削速度[式(3-9)中计算结果],$v = 189.14 \text{ m/min}$;

d_0——刀具直径($\varphi 8$),$d_0 = 8 \text{ mm}$。

将各参数代入式(3-10),可知电主轴功率需求为

$$P_m = \frac{1.068 \times 189.14}{30 \times 8} \approx 0.84 \text{ (kW)} \tag{3-11}$$

4. 制孔轴向力

根据机械工艺手册,制孔轴向力计算公式为

$$F = C_F d_0^{Z_F} f^{y_F} k_F \tag{3-12}$$

式中:C_F——与加工材料、刀具相关的系数(铝合金7075、硬质合金),$C_F = 410$;

Z_F——与加工材料、刀具相关的系数(铝合金7075、硬质合金),$Z_F = 1.2$;

y_F——与加工材料、刀具相关的系数(铝合金7075、硬质合金),$y_F = 0.75$;

d_0——刀具直径($\varphi 8$),$d_0 = 8 \text{ mm}$;

k_F——与修正系数相关,$k_F = k_{MF} k_{xF} k_{VBF} = 1.197$。

将各参数代入式(3-12),可知制孔轴向力为

$$F = 410 \times 8^{1.2} \times 0.1^{0.75} \times 1.197 = 1\,058 \text{ (N)} \tag{3-13}$$

综上,制孔关键参数计算结果见表3-6。

表 3-6　制孔关键参数计算结果

项　目	切削转矩/(N·m)	切削速度/(m·min^{-1})	制孔功率/kW	制孔轴向力/N
参　数	1.068	189.14	0.84	1 058

3.2.4　成品件选型与校核计算

1. 电主轴

由上面论述及制孔系统功能需求,所选电主轴需满足:①高速切削,转速不低于 15 000 r/min,编码器转速反馈;②额定扭矩不低于 1.5 N·m;③额定功率不低于 2 kW;④主轴水冷、温度监控;⑤自动松拉刀、打刀信号检测;⑥具备中心出水功能,配合刀具实现刀具贯穿冷却润滑。

国外主要的电主轴厂商包括德国的 GMN、INA,瑞士的 Fischer、Step-Tec,日本的 Seiko、NSK,意大利的 Gamfier 等,其中 Fischer 公司生产的电主轴以其优异的性能在航空航天领域被广泛应用,而且其产品在同等功率、转矩条件下结构更为紧凑、质量较轻,特别适用于机器人制孔系统。

根据机器人制孔系统的技术要求及制孔作业所需主轴扭矩、功率等参数,经

过比较选用 Fischer SD60124－D 高速电主轴。表 3－7 为其技术参数。

表 3－7　Fischer SD60124－D 高速电主轴的技术参数

项　目	参　数
电机类型	交流同步电机
最高转速/(r·min^{-1})	20 000
功率/kW	≥6
扭矩/(N·m)	3.6
精度/μm	轴向、径向跳动量≤1.5
冷却方式	内部水冷
刀具润滑方式	贯穿刀具润滑
刀柄型号	HSK32E
自动拉刀夹持力/kN	≥5

2.进给滑台

(1)进给滑台受力分析。图 3－11 所示为制孔单元受力分析,电主轴及其夹紧座安装在滑台的双滑块上,由制孔所产生的轴向力作用在电主轴前端,伺服电机需要提供足够的进给力才能克服阻力完成制孔。

由图 3－11,有

$$P_1 + P_2 = G \tag{3-14}$$

$$Fl_1 + P_2 l_2 = \frac{1}{2} G l_2 \tag{3-15}$$

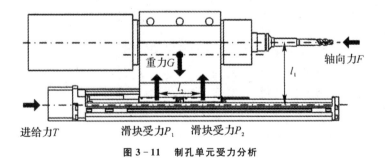

图 3－11　制孔单元受力分析

式中:G—— 电主轴及夹紧座重力;

F—— 制孔轴向力;

l_1—— 电主轴轴线与滑台轴线距离;

l_2—— 滑台两滑块中心距离。

将 $G = 400\ \text{N}$, $F = 1\ 058\ \text{N}$, $l_1 = 110\ \text{mm}$, $l_2 = 100\ \text{mm}$ 代入式(3-14)和式(3-15),可得

$$P_1 = 1\ 363.8\ \text{N}, \quad P_2 = -963.8\ \text{N} \tag{3-16}$$

(2)进给滑台选型。由式(3-16)载荷分析结果可知,进给滑台所受最大(反)径向力约为 1 363.8 N。经过选型对比,电主轴初步选定为 THK 公司 LM 滚动导轨智能组合单元 KR45H 系列,其结构如图 3-12 所示。该型滑台为一体化设计,主要由高刚性 U 形断面导轨、双侧面滑块和中央滚珠丝杠组成,并能在较小的空间内实现高刚度、高精度直线运动。

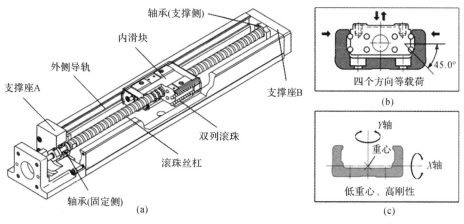

图 3-12 **KR45H 系列滚珠丝杠滑台结构及功能特性**

(3)进给滑台校核。KR 系列滑台导轨部静态安全系数校核公式为

$$f_s = \frac{C_0}{P_{\max}} \tag{3-17}$$

式中:C_0—— 选用滑台基本静额定载荷,$C_0 = 19\ 600\ \text{N}$;

$P_{\max}$—— 最大外加负荷;

f_s—— 静态安全系数,$f_s = 3$。

将各参数代入式(3-17),可得导轨部滑台静态安全系数为 14.4 > 3,导轨静态安全系数满足要求。

KR 系列滑台滚珠丝杠部静态安全系数校核公式为

$$f_s = \frac{C_{0a}}{F_{max}} \qquad\qquad (3-18)$$

式中:C_{0a}—— 选用滑台基本静额定载荷,$C_{0a} = 6\ 760$ N;

$\quad F_{max}$—— 与制孔轴向力相同;

$\quad f_s$—— 静态安全系数,$f_s = 3$。

将各参数代入式(3-18),可得滚珠丝杠部静态安全系数为6.38>3,滚珠丝杠静态安全系数满足要求。

KR 系列滑台导轨部使用寿命核算公式为

$$L = \left(\frac{f_c C}{f_w P_c}\right)^3 \times 50 \qquad\qquad (3-19)$$

式中:L—— 滑台导轨部额定使用寿命;

$\quad C$—— 导轨额定动载荷,$C = 11\ 900$ N;

$\quad P_c$—— 导轨实际载荷,$P_c = 1\ 363.8$ N;

$\quad f_c$—— 接触系数(滑块近似紧靠使用),$f_c = 0.81$;

$\quad f_w$—— 负荷系数(低速运动),$f_w = 1.2$。

将各参数代入式(3-19),可得滑台导轨部额定寿命 $L = 1.02 \times 10^4$ km,满足设计要求。

滚珠丝杠及轴承部额定寿命核算公式为

$$L = \left(\frac{C_a}{f_w F_a}\right)^3 \times 10^6 \qquad\qquad (3-20)$$

式中:L—— 额定使用寿命;

$\quad C_a$—— 导轨额定动载荷,$C_a = 3\ 140$ N;

$\quad F_a$—— 导轨实际载荷,$F_a = 1\ 058$ N;

$\quad f_w$—— 负荷系数(低速运动),$f_w = 1.2$。

将各参数代入式(3-20),可得滚珠丝杠部额定寿命为 1.51×10^7 r,若工件厚度为 20 mm,滚珠丝杠导程为 10 mm,则换算为制孔次数约为 7.55×10^6 次,满足设计要求。

3.伺服电机选型

制孔轴向力引起的丝杠驱动扭矩核算公式为

$$T = \frac{F_a P_H}{2\pi\eta} A \qquad\qquad (3-21)$$

式中:T—— 所需驱动扭矩;

$\quad F_a$—— 制孔轴向力,$F_a = 1\ 058$ N;

P_H—— 滚珠丝杠导程,$P_H = 10$ mm;

η—— 滚珠丝杠效率,$\eta = 0.9$;

A—— 传动机构减速比,$A = 1$。

将各参数代入式(3-21),可得进给单元制孔时所需最大驱动扭矩为 1.87 N·m。

经过选型对比,最终选用力士乐公司型号 MSK030C-0900 伺服电机,表 3-8 为其技术参数表。该型电机结构紧凑并带抱闸,以防机器人运动时滑台出于重力等原因发生滑动。

表 3-8 进给伺服电机 MSK030C-0900 的技术参数表

项　目	参　数
电机类型	同步伺服电机
最高速度/(r·min^{-1})	9 000
最大扭矩/(N·m)	4
额定电流/A	1.5
质量/kg	1.9
抱闸	有
变频器型号	HCS02.1

|3.3　制孔检测单元设计|

3.3.1　基准检测

制孔机器人自动制孔定位精度是影响制孔质量的关键因素,移动制孔设备每次在加工工位定位后,其翼梁和机器人相对位置将出现偏差,这将影响到制孔位置精度。因此,在末端执行器中设计有基准检测单元,通过工业相机与相应分析软件的配合完成对基准孔的检测,获取实际翼梁与机器人的相对位置,从而保证制孔位置精度。

在移动机器人制孔流程中,制孔设备到达工位后,移动平台锁紧,机器人根据编程工件坐标系中的路径到达制孔位置。由于移动平台定位(±0.1 mm)或工件安装存在误差,所以工件与制孔机器人的相对位置将发生变化,最终导致移动机器人实际到达的位置偏移。同时,加工工件上零部件的装配误差,也会引起机器人与加工工件之间的位置与理论相对位置发生偏差。

在实际加工过程中,机器人到达指定工位后,运行基准找正程序,当基准孔进入相机视野中时,调整机器人姿态,使基准孔移动到相机视野中央,记录基准孔在实际机器人坐标系下的坐标,从而确定待加工孔在机器人坐标系下的坐标,将数据发送给工控机,工控机控制设备完成孔钻制。图 3-13 所示为基准检测的现场实验过程,在实际的基准检测过程中,借助安装于末端执行器上的Cognex Insight 5403 高精度工业相机,可识别基准孔在机器人实际坐标系下的坐标值,同时,在前期调试中可通过此方法来标定基准检测相机。

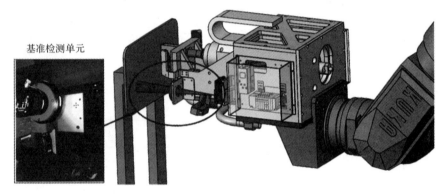

基准检测单元

图 3-13　基准找正实验

3.3.2　法向检测

自动制孔设备所制孔的垂直度误差,在很大程度上取决于制孔时刀具轴线相对于工件的垂直精度。在自动制孔时,离线程序中的理论位置很难与实际制孔中的位置重合,同时,理论刀具轴线与工件法向之间一定存在着角度偏差,如果按照理论的刀具轴线制孔,孔的垂直精度将无法满足制孔精度要求。

制孔设备通过末端执行器设置的法向检测单元来保证制孔的垂直度,在末端执行器前端安装有 4 个激光距离传感器。制孔前,通过采集 4 个传感器与工件表面的距离数据,并利用法向调平算法,计算出当前工件法向与刀具轴线之间的实际偏转角,将其与标准值比较,若偏转角超差($\pm 0.5°$),则将偏转角传给机器人,机器人进行调姿。循环上述步骤,直至检测法向调平的偏转角符合要求。图 3-14 所示为法向检测流程。

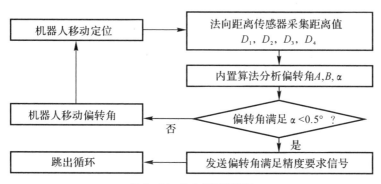

图 3-14 法向检测流程图

图 3-15 所示为法向调平原理图,测量元件选用 4 个相同型号的激光距离传感器,激光距离传感器通过一定角度安装,并标定坐标系 $O_C - x_C y_C z_C$ 为标准坐标系来计算制孔方向和当前工件表面的夹角。4 个激光距离传感器照射到工件表面,形成 4 个光点 A、B、C、D,测量的距离分别为 S_A、S_B、S_C、S_D,4 个光点在法向调平的标准坐标系 $O_C - x_C y_C z_C$ 下的坐标值分别为 $P_A(x,y,z)$、$P_B(x,y,z)$、$P_C(x,y,z)$、$P_D(x,y,z)$。由于 4 个激光点不共线,所以 4 个激光点可以构成 4 个微平面 ABC、ACD、ABD、BCD,在每个微平面中,用三点构成的两条线叉乘,得到微平面的法向量为

$$\boldsymbol{n}_{ABC} = \frac{\overrightarrow{S_A S_B} \times \overrightarrow{S_A S_C}}{|\overrightarrow{S_A S_B} \times \overrightarrow{S_A S_C}|} \qquad (3-22)$$

按照此方法求得 4 个微平面的法向量 $\boldsymbol{n}_{ABC}$、$\boldsymbol{n}_{ABD}$、$\boldsymbol{n}_{ACD}$、$\boldsymbol{n}_{BCD}$,4 个微平面的法向量加权平均,得到当前加工工件表面的法向量为

$$\boldsymbol{n} = \frac{1}{4}(\boldsymbol{n}_{ABC} + \boldsymbol{n}_{ACD} + \boldsymbol{n}_{ABD} + \boldsymbol{n}_{BCD}) \qquad (3-23)$$

法向量 $\boldsymbol{n}$ 与电主轴的夹角为

$$\theta_{nx} = \arccos([1 \quad 0 \quad 0] \cdot \boldsymbol{n}) = \arccos(\boldsymbol{n}(1,1)) \qquad (3-24)$$

若 $\theta_{nx} < 0.5°$,则无需进行调平操作;若 $\theta_{nx} > 0.5°$,则运行调平算法进行调平作业,直到满足要求。

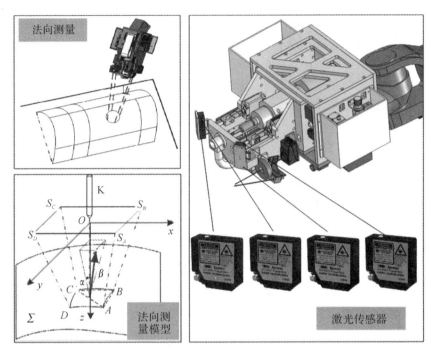

图 3-15　法向调平原理图

3.3.3　锪窝深度检测

窝深是沉头铆钉孔的关键参数之一，直接决定铆钉铆接质量，不仅可能影响飞机结构和疲劳强度，还有可能影响飞机蒙皮的气动性能。根据技术要求，制孔末端执行器需要保证锪窝深度精度为±0.05 mm。

锪窝深度可以通过接触式测量传感器在锪窝时实时测量制孔点与刀具锪窝刃前段之间的相对距离来获得。这种方式使用一个位移传感器实现精密锪窝，且锪窝传感器体积较小，适用于高度紧凑的末端执行器结构。

锪窝传感器安装位置如图 3-16(a)(b)所示，压力鼻前端面(制孔时即为工件表面)到锪窝传感器顶板距离为 L_1，刀尖点到锪窝传感器前端距离为 L_2。若设 $L_1=L_2$，则当刀尖接触工件开始制孔时，传感器前端碰到顶板并开始计数，当锪窝深度足够时控制系统停止进给。实际情况下，出于安装误差、刀具磨损或更换不同刀具等原因，L_1 与 L_2 并不总是相等，这时只需要在控制系统里简单补偿长度，即可达到精确控制锪窝深度的目的。

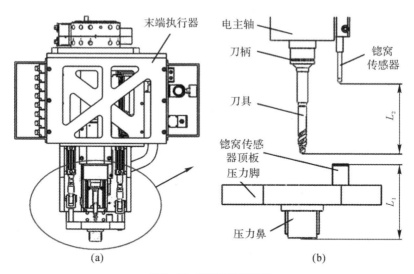

图 3-16 高精度锪窝装置

(a)锪窝装置位置;(b)窝深检测原理

第 4 章

制孔机器人坐标系标定及建立

工业机器人按照预先编好的程序路径运动,在到达加工工位后,通过高精度工业相机来识别工件坐标系位置,进行理论工件位置和实际位置的误差补偿,然后机器人末端执行器上的工具在工件坐标系中运动,完成相关的加工任务。

机器人运动时,必须建立精确的机器人末端执行器坐标系,主要包括识别位置用的相机坐标系和加工用的工具坐标系。目前机器人标定末端坐标系的典型方法如 $XYZ4$ 点法,适用于小型工具,标定过程中目测工具固定点和参考点的接触,精度不高;借助三维绘图软件,仿真出理论坐标系,和实际会有一定的误差。对于尺寸较大的钻孔末端执行器,需要采用一种新的方法来准确地标定工具坐标系和相机坐标系。

|4.1 制孔机器人坐标系|

4.1.1 机器人坐标系

在机器人工作时,需要坐标系作参考去定位和加工。如图 4-1 所示,机器人工作时,必须要有的坐标系有世界坐标系、机器人基座坐标系、法兰坐标系、工具坐标系和工件坐标系。其中,世界坐标系、机器人基座坐标系和法兰坐标系是机器人自带的坐标系。机器人基座坐标系定义在机器人底座中间;世界坐标系默认和机器人基座坐标系重合,也可根据需要设置;法兰坐标系定义在机器人末端法兰盘中间。而工具坐标系和工件坐标系是根据工作需要设定的。工作时，只有标定出准确的工具坐标系和工件坐标系，机器人才能有准确的运动轨迹和定位点。

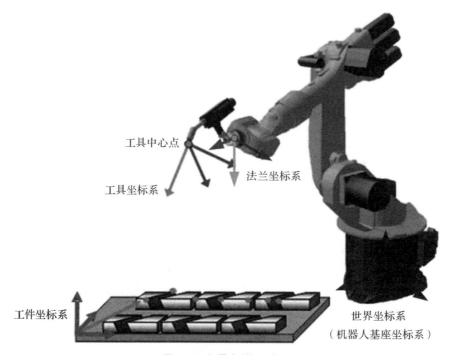

图 4-1　机器人坐标系介绍

标定一个工具坐标系意味着生成一个以工具参考点为原点的坐标系，而这个工具参考点即为工具中心点(Tool Center Point，TCP)。工具坐标系设定时，是以法兰坐标系为基准，测量出定义的工具坐标系的原点在法兰坐标系下的坐标值 X、Y、Z，即 TCP 在法兰坐标系下的坐标值，以及定义的工具坐标系的各个方向在法兰坐标系下的旋转角度 A、B、C，即可得到工具坐标系为(X，Y，Z，A，B，C)。

标定工件坐标系是根据世界坐标系在工件周围某个位置上建立坐标系，即以工件上某一参考点为基准，根据需要的工作方向创建坐标系。而参考点在世界坐标系中的坐标 X、Y、Z，即为工件坐标系的原点的坐标，而工件坐标系的 X、Y、Z 三轴以世界坐标系为基准旋转的角度即为 A、B、C。标定的工件坐标系即为(X，Y，Z，A，B，C)。对工件坐标系标定后，机器人的运动以及编程设定的位置就可以以工件坐标系为参考。

4.1.2 多坐标系标定原理分析

制孔机器人设备在工作时,准确地标定出工具坐标系和工件坐标系很重要,关系到制孔的空间位置精度和法向垂直精度。对机器人而言,标定工具坐标系有多种方法,机器人的供货厂家一般会提供几种标定方法,图 4-2 所示为 KUKA 机器人标定末端工具坐标系的一种典型方法,主要是借助于一个固定的参考点,通过机器人末端工具固定点多次以不同姿态去触碰参考点,以自动获取机器人的原点坐标和工具坐标系的方向。这种方法一般适用于小型的工具,而不适用于大型的工具,而且这种方法只用眼睛观看末端工具固定点和参考点的接触,没有用高精度的测量仪器去直接检测,精度不高。此外,还可以借助于三维绘图软件,将需要用到的工具和所用机器人三维模型装配,通过仿真标定出理论的工具坐标系,但由于实物装配过程中存在误差,所以实际的工具坐标系与标定的理论工具坐标系之间仍有一定误差。

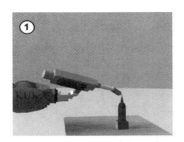
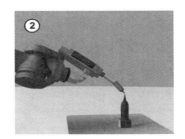
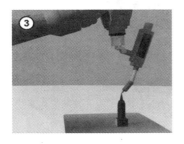
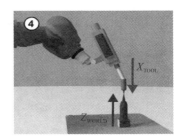

图 4-2 *XYZ* 4 点法

制孔机器人的末端工具外观尺寸大、质量大、结构复杂,不适用于上述两种方法。在工作时,制孔机器人要制孔,同时,还要利用末端执行器上的工业相机检测工件上的基准孔,因此,标定工具坐标系时,要准确标定刀尖工具坐标系(简称为工具坐标系)和工业相机工具坐标系(简称为相机坐标系)的准确位置。

标定工具坐标系和相机坐标系时,如图 4 - 3 所示,目标是标定法兰坐标系 $x_F y_F z_F$ 分别和工具坐标系 $x_t y_t z_t$ 与相机坐标系 $x_p y_p z_p$ 的关系;借助测量工具激光跟踪仪和自制的标定板,定义激光跟踪仪坐标系为 $x_m y_m z_m$,标定板坐标系为 $x_b y_b z_b$。在标定过程中,主要是通过激光跟踪仪测量出法兰坐标系 $x_F y_F z_F$、工具坐标系 $x_t y_t z_t$、标定板坐标系 $x_b y_b z_b$ 在激光跟踪仪坐标系 $x_m y_m z_m$ 下的位姿矩阵 T_{mF}、T_{mt}、T_{mb},同时利用工业相机拍到标定板上的梅花孔,利用梅花孔在相机中的坐标,测量出标定板坐标系 $x_b y_b z_b$ 在相机坐标系 $x_p y_p z_p$ 下的位姿矩阵。根据法兰坐标系 $x_F y_F z_F$ 和工具坐标系 $x_t y_t z_t$ 在激光跟踪仪坐标系 $x_m y_m z_m$ 下的位姿矩阵,得到在法兰坐标系 $x_F y_F z_F$ 下工具坐标系的位姿矩阵 $T_{Ft} = (T_{mF})^{-1} \cdot T_{mt}$。

根据相机坐标系 $x_p y_p z_p$、标定板坐标系 $x_b y_b z_b$ 和激光跟踪仪坐标系 $x_m y_m z_m$ 的关系,得到在激光跟踪仪坐标系 $x_m y_m z_m$ 下,相机坐标系 $x_b y_b z_b$ 的位姿矩阵 $T_{mp} = T_{mb} \cdot (T_{pb})^{-1}$。利用法兰坐标系 $x_F y_F z_F$ 在激光跟踪仪坐标系 $x_m y_m z_m$ 下的位姿矩阵为 T_{mF},最终得到在法兰坐标系 $x_F y_F z_F$ 下,相机坐标系 $x_p y_p z_p$ 的位姿矩阵 $T_{Fp} = (T_{mF})^{-1} \cdot T_{mb} \cdot (T_{pb})^{-1}$。

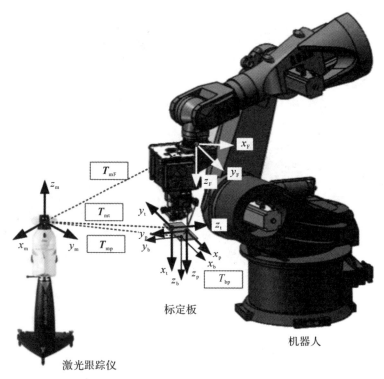

图 4 - 3　工具坐标系标定原理图

|4.2 激光跟踪仪坐标系|

激光跟踪仪现今已经被广泛应用于航空、航天、汽车制造等行业。激光跟踪仪是工业测量系统中一种高精度的大尺寸测量仪器,它集合了激光干涉测距技术、光电探测技术、精密机械技术、计算机及控制技术和现代数值计算理论等各种先进技术,可对空间运动目标进行跟踪并实时测量目标的空间三维坐标,它具有高精度、高效率、实时跟踪测量、安装快捷、操作简便等特点,适合大尺寸工件装配测量。在测量时,将 API T3 激光跟踪仪三脚架固定在距离机器人底座中心 4 m 左右的位置,在这个距离和静态测量条件下,激光跟踪仪的静态测量误差为 0.015~0.02 mm,远高于机器人自身 0.8 mm 的重复定位精度。表 4-1 为 API T3 激光跟踪仪的性能指标。

表 4-1 API T3 激光跟踪仪性能指标

型 号		API T3
测量距离(直径)/m		>120
长度分辨力/μm		0.1
测量精度	静态/(μm · m^{-1})	5
	动态/(μm · m^{-1})	10
重复精度/(μm · m^{-1})'		2.5
工作环境/℃		−10~45

在使用激光跟踪仪测距时,需要用到靶球和靶球座,如图 4-4 所示,常用的靶球直径分别为 1.5 in(1 in≈0.025 4 m)、0.875 in 和 0.5 in,接收的反射激光线全在靶球的正中心,也就是说,在激光跟踪仪中测量到的点默认为靶球球心。在标定工具坐标系和相机坐标系的过程中,用直径为 1.5 in 的靶球,换算成常用的长度单位,直径为 38.1 mm,半径为 19.05 mm。在标定过程中,测量点为靶球的球心,在处理数据时,要根据需要考虑靶球的半径尺寸,并在计算过程中进行补偿。

在使用中,靶球座上部有磁铁将靶球固定在靶球座上方,靶球座下方有圆柱,固定在测量点,同时测量点必须要有同样孔径的孔,常用的靶球座下方圆柱的直径有 ϕ6 mm、ϕ6.32 mm。并且在装配过程中,靶球座上凸台的下表面要尽量贴紧测量表面,保证测出数据的精确性。在试验过程中,同时也要考虑到靶球座的高度对测量点的影响。和 1.5 in 靶球配合的靶球座,与 1.5 in 靶球装配好之后,靶球球心和靶球座下表面的垂直距离为 25 mm,在测量之后处理数据时,要根据需要排除测量工具的参数对测量结果的影响。同时,根据需要选取的靶球座的下方圆柱的直径为 $\phi 6$ mm,需要测量的点也要有直径为 $\phi 6$ mm 的孔来固定靶球座和靶球。

图 4 - 4　靶球和靶球座

激光跟踪仪在使用中,自带有自身的坐标系,如图 4 - 3 所示,激光跟踪仪自身的坐标系原点一般是在预热时靶球放置的位置,而在使用中,也可根据自身需要,设定激光跟踪仪的坐标系。在试验中,激光跟踪仪坐标系 $x_m y_m z_m$ 选用激光跟踪仪自带的坐标系,当需要时,可以选用其他已标定好的坐标系为当前使用的坐标系。

|4.3　标定板坐标系|

标定板是为了配合激光跟踪仪标定相机坐标系而自制的位置精度和表面质量都比较高的平板,标定板大约厚 4 mm,标定板上一共有 6 个孔,6 个孔径都为 $\phi 6$ mm,如图 4 - 5 所示,以一个孔为基准,水平方向和竖直方向分别延伸 185 mm 和 109 mm,制得第二个孔,此孔即为梅花孔的中心孔,梅花孔中周围 4 个孔距中心孔的距离为 10 mm。在自制标定板的过程中,孔位精度只能保证到 ±0.1 mm,但能保证标定板上孔的孔径和孔的表面质量。要求标定板上所有的孔径为

$\phi6$ mm，是因为在建立标定板坐标系 $x_b y_b z_b$ 在激光跟踪仪坐标系 $x_m y_m z_m$ 下的位姿矩阵 $\boldsymbol{T}_{mb}$ 时，需要将靶球座放入孔内测梅花孔 5 个孔在激光跟踪仪坐标系 $x_m y_m z_m$ 下的坐标信息。

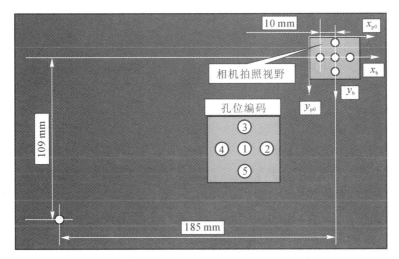

图 4-5　标定板

在建立标定板坐标系，以及测量标定板坐标系 $x_b y_b z_b$ 在激光跟踪仪坐标系 $x_m y_m z_m$ 下的位姿矩阵 $\boldsymbol{T}_{mb}$ 时，具体过程如下：

（1）将标定板用压板固定在机器人正前方的工作台上，用靶球在梅花孔附近的平面上采集若干点，用采集的点位信息，在激光跟踪仪的坐标系下构建标定板平面。在采集点的过程中，采集的点要尽量分布均匀，还必须要将靶球放在标定板的平面上，防止靶球侧放入孔中；对于采集点的数量，不在一条直线上的三点构建一个平面，可以适当多采集一些点位坐标，加权平均；在处理点位信息、构建平面时，要排除测量工具靶球的尺寸，同时，要剔除一些误差明显很大的坏点。

（2）测量梅花孔在激光跟踪仪坐标系 $x_m y_m z_m$ 下的坐标值。分别将靶球座放入梅花孔中，将靶球放在靶球座上，测量孔的坐标值；在测第一个孔的坐标值时，将靶球座和靶球装配好，放入孔中，尽量将靶球座下表面和标定板平面贴紧，测量一次，记录点在激光跟踪仪坐标系 $x_m y_m z_m$ 下的坐标值 $P_{bm11}(x,y,z)$，将靶球座稍微转动，同样将靶球座下表面和标定板平面贴紧，再次记录点在激光跟踪仪坐标系 $x_m y_m z_m$ 下的坐标值 $P_{bm12}(x,y,z)$，同样的，再次转动，记录坐标值 $P_{bm13}(x,y,z)$，检测三个坐标点两两之间的距离，距离小于 0.05 mm，则第一个孔在激光跟踪仪坐标系 $x_m y_m z_m$ 下的坐标值即为 $P_{bm10}(x,y,z)$，即

$$\begin{cases} x_{bm10} = 1/3(x_{bm11} + x_{bm12} + x_{bm13}) \\ y_{bm10} = 1/3(y_{bm11} + y_{bm12} + y_{bm13}) \\ z_{bm10} = 1/3(z_{bm11} + z_{bm12} + z_{bm13}) \end{cases}$$

但需要注意的是,当三个点两两距离超标时,其中一个点距其他两点距离大于 0.05 mm,则重新测量一点,代替坏点,组成三点;当两两距离都超标时,则第一个孔在激光跟踪仪下的坐标值按上述步骤重新测量,直到三个点两两距离符合要求,测得第一个孔在激光跟踪仪下的坐标。按照上述方法依次测得剩下的四个孔在激光跟踪仪坐标系下的坐标 $P_{bm20}(x,y,z)$、$P_{bm30}(x,y,z)$、$P_{bm40}(x,y,z)$ 和 $P_{bm50}(x,y,z)$。

(3)将测量得到的五个梅花孔投影到标定板的平面上,得到在平面上的孔位信息。在标定梅花孔的坐标时,靶标座下表面和标定板上表面一定有或大或小的缝隙,因此直接用激光跟踪仪测量得到的梅花孔的坐标一定不在标定板平面上,将测量得到的五个孔投影到标定板上,得到投影点的坐标值 $P_{bm1}(x,y,z)$、$P_{bm2}(x,y,z)$、$P_{bm3}(x,y,z)$、$P_{bm4}(x,y,z)$ 和 $P_{bm5}(x,y,z)$。因此,建立坐标系时用到的孔的坐标值,是通过激光跟踪仪来测量得到的,在制造标定板时的孔位误差不会影响标定工具坐标系和相机坐标系的最终结果。

(4)利用投影点组建标定板坐标系。以孔1的投影点 P_{bm1} 为原点,以孔5的投影点组建的向量 $\overrightarrow{P_{bm1}P_{bm2}}$ 方向为标定板坐标系 $x_b y_b z_b$ 的 x_b 轴正方向,而 x_b 轴正方向的单位向量为

$$\boldsymbol{n}_{bm0} = \frac{\overrightarrow{P_{bm2}} - \overrightarrow{P_{bm1}}}{|\overrightarrow{P_{bm2}} - \overrightarrow{P_{bm1}}|} \tag{4-1}$$

以标定板的法向,垂直于标定板竖直向下为标定板坐标系 $x_b y_b z_b$ 的 z_b 轴正方向,单位向量为

$$\boldsymbol{a}_{bm0} = \frac{(\overrightarrow{P_{bm2}} - \overrightarrow{P_{bm1}}) \times (\overrightarrow{P_{bm3}} - \overrightarrow{P_{bm1}})}{|\overrightarrow{P_{bm2}} - \overrightarrow{P_{bm1}}| \cdot |\overrightarrow{P_{bm3}} - \overrightarrow{P_{bm1}}|} \tag{4-2}$$

用右手定则得到标定板坐标系 $x_b y_b z_b$ 的 y_b 轴正方向,单位向量为

$$\boldsymbol{o}_{bm0} = \boldsymbol{a}_{bm0} \times \boldsymbol{n}_{bm0} \tag{4-3}$$

在图4-5所示标定板的示意图中,标定板坐标系 $x_b y_b z_b$ 的 y_b 轴正方向应该是由孔1指向孔4的方向。同时,能够得到标定板坐标系 $x_b y_b z_b$ 在激光跟踪仪坐标系 $x_m y_m z_m$ 下的位姿矩阵 $\boldsymbol{T}_{mb}$:

$$\boldsymbol{T}_{mb} = \begin{bmatrix} \boldsymbol{n}_{mb} & \boldsymbol{o}_{mb} & \boldsymbol{a}_{mb} & \mathbf{Trans}_{mb} \\ 0 & 0 & 0 & 1 \end{bmatrix} \tag{4-4}$$

式中:$\boldsymbol{n}_{mb}$、$\boldsymbol{o}_{mb}$、$\boldsymbol{a}_{mb}$ 分别是标定板坐标系 $x_b y_b z_b$ 的三个方向在激光跟踪仪坐标系 $x_m y_m z_m$ 下的单位向量;$\mathbf{Trans}_{mb}$ 是标定板坐标系 $x_b y_b z_b$ 的原点 P_{bm1} 坐标值

的转置：

$$n_{mb} = n_{bm0}'$$

$$o_{mb} = o_{bm0}'$$

$$a_{mb} = a_{bm0}'$$

$$\textbf{Trans}_{mb} = \begin{bmatrix} x_{bm1} & y_{bm1} & z_{bm1} \end{bmatrix}'$$

由以上四个步骤，可得到标定板坐标系 $x_b y_b z_b$ 的建立过程，以及测量标定板坐标系 $x_b y_b z_b$ 在激光跟踪仪坐标系 $x_m y_m z_m$ 下的位姿矩阵 $\textbf{T}_{mb}$。

同时，还要借助于标定板来建立标定板坐标系 $x_b y_b z_b$ 在相机坐标系 $x_p y_p z_p$ 中的位姿矩阵 $\textbf{T}_{pb}$。标定板上制五个梅花孔以及五个梅花孔之间的孔位间距是为了让相机在需要的距离更加清晰地拍到孔，利用相机中的梅花孔的坐标信息，构建标定板坐标系 $x_b y_b z_b$ 在相机坐标系 $x_p y_p z_p$ 中的位姿矩阵 $\textbf{T}_{pb}$。

4.4 制孔机器人末端工具坐标系

当制孔设备在制孔时，机器人带动末端执行器到达理论制孔位置，末端执行器上的压力鼻距零件表面有一定的距离 l_{tp}，如图 4 - 6 中所示的两个模拟平面，一个平面是压力鼻缩回状态时压力鼻所在的平面，另一个平面是在机器人达到制孔位置时，工件的理论位置所在的平面，而工具坐标系和相机坐标系的原点就定义在这个平面上。

工具坐标系 $x_t y_t z_t$ 的原点 TCP 点标定在和缩回状态的压力鼻平面沿刀具轴线正方向距离为 l_{tp} 的平行平面上，该平面与刀具轴线的交点即为 TCP，以保证制孔加工时，工具坐标系的坐标系原点 TCP 在零组件表面，为待制孔位置。以刀具轴线正方向为工具坐标系的 x_t 正方向、法兰坐标系的 y_F 正方向或 z_F 正方向，在工具坐标系的 x_t 正方向切面上的投影即为工具坐标系的 y_t 正方向或 z_t 正方向，再根据右手法则，借助于工具坐标系确定的两个方向，来判断工具坐标系的第三个方向 z_t 正方向或 y_t 正方向。

在使用激光跟踪仪标定工具坐标系时，工具坐标系的 x_t 方向必须是进给电机的移动方向，要用激光跟踪仪将进给电机的移动方向标定出来。如图 4 - 7 所示，将靶球和靶球座夹在电主轴的刀柄上，移动进给电机，沿着进给电机的移动方向，间隔一段距离采集一个点，采集的点要尽量分布均匀，可适当多采集点，加权平均，拟合成直线，来减小标定过程中引入的误差。在拟合直线的过程中，要剔除误差明显很大的坏点。而拟合的直线就是在制孔过程中的刀具轴线，也就

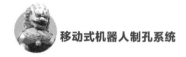

是待制孔的中心线。

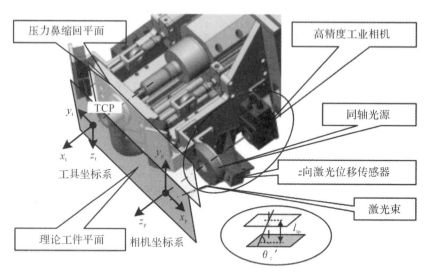

图 4 - 6　末端坐标系标定示意图

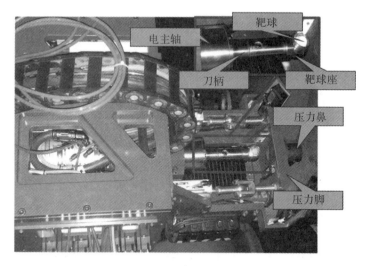

图 4 - 7　末端执行器

同时,要精确标定出工具坐标系 $x_t y_t z_t$ 的 TCP 点,在标定过程中,重点是要标定出理论的工件位置面。首先,要标定出压力鼻表面,沿着进给电机制孔的方向,平移 l_{tp} 仿真模拟出理论的工件位置面,而理论的工件位置面和拟合出的刀具轴线的交点即为工具坐标系的 TCP 点。在标定压力鼻表面时,由于压力鼻表面较小,所以准确标定的难度较大,标定的过程中也可以选择标定压力脚表面,再测量出压力鼻的长度,模拟时加上压力鼻的长度。

将工具坐标系的原点 TCP 点标定在理论的工件位置表面,同时可以保证在法向调平时只旋转工具坐标系,改变末端执行器的姿态,而不改变工具坐标系的 TCP 点,而 TCP 点是待制孔的位置,保证了待制孔的空间位置不会受到法向调平中机器人转动的影响。

|4.5 相机坐标系|

末端执行器上的相机采用 Cognex Insight 5403 高精度工业相机,相机上自带的坐标系 xoy 可用于在相机拍照时来精确定位所拍物体的位置,如图 4-8 所示,相机自带的坐标系原点定义在相机视野的左上角,x 方向和 y 方向与相机视野的两个方向平行。而相机坐标系和相机自带的坐标系不同,如图 4-6 所示,相机坐标系的原点标定在和缩回状态的压力鼻平面沿刀具轴线正方向距离为 l_{tp} 的平行平面上,相机中心轴线和工件表面的交点即为相机坐标系的原点,相机坐标系的 z_p 正方向与工具坐标系的 x 正方向相同,而相机坐标系的 x_p 正方向和 y_p 正方向分别与相机自带坐标系的 x 方向和 y 方向平行。在基准检测过程中,使用相机时,相机坐标系的坐标系原点即为基准孔的标准位置。

标定相机坐标系的过程如下:先建立标定板坐标系 $x_b y_b z_b$ 在相机坐标系 $x_p y_p z_p$ 中的位姿矩阵 T_{pb},再利用标定板坐标系 $x_b y_b z_b$ 在激光跟踪仪坐标系 $x_m y_m z_m$ 下的位姿矩阵 T_{mb},得到在激光跟踪仪坐标系 $x_m y_m z_m$ 下相机坐标系 $x_p y_p z_p$ 的位姿矩阵 T_{mp}。建立标定板坐标系 $x_b y_b z_b$ 在相机坐标系 $x_p y_p z_p$ 中的位姿矩阵 T_{pb} 的过程如下:

(1)将标定板用压板固定在机器人正前方的工作台上,移动机器人带动末端执行器至标定板的正上方,在标定板附近进行法向调平,保证末端执行器的刀具轴线和标定板垂直,再在机器人工具坐标系下移动,来确保移动过程中末端执行器的姿态,直到机器人带动末端执行器移动到末端执行器压力鼻距标定板平面为标准值 l_{tp},同时,确保标定板上的 5 个梅花孔能同时进入相机的视野。调整工业相机的焦距,直到能清晰地拍到梅花孔。在对相机之后的应用过程中,拍工件上的孔也是距离标准值 l_{tp},因此此次在调整好焦距之后,一般不需要再调整焦距。

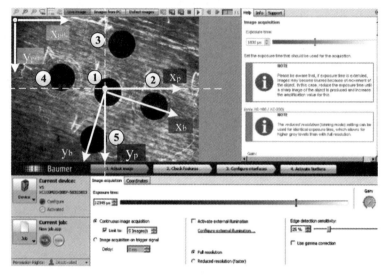

图 4 - 8　相机视野

（2）如图 4 - 8 所示，在相机视野中，相机自带的坐标系原点在左上角，水平方向为自带坐标系的 x_{p0}，竖直方向为自带坐标系的 y_{p0}，当相机能同时清晰地拍到 5 个孔时，记录梅花孔在相机自带坐标系下的坐标值 $P_{bp01}(x,y)$、$P_{bp02}(x,y)$、$P_{bp03}(x,y)$、$P_{bp04}(x,y)$、$P_{bp05}(x,y)$。此时，相机的视野实际大小是 40 mm×30 mm，像素点是 1 600×1 200，当前记录 5 个孔的坐标为在相机视野中的像素点坐标。

（3）计算像素点与实际长度单位的转换关系。根据 5 个孔的像素点坐标，计算出两两孔之间的距离。对 1 号孔和 2 号孔来说，两孔之间的像素点距离 l_{p12} 为

$$l_{p12} = \sqrt{(x_{bp01} - x_{bp02})^2 + (y_{bp01} - y_{bp02})^2} \tag{4-5}$$

同理，能得到剩下两孔之间的像素点距离 l_{p13}、l_{p14}、l_{p15}、l_{p23}、l_{p24}、l_{p25}、l_{p34}、l_{p35}、l_{p45}。同时，根据在激光跟踪仪中测量得到的 5 个梅花孔在标定板上投影点的坐标值 $P_{bm1}(x,y,z)$、$P_{bm2}(x,y,z)$、$P_{bm3}(x,y,z)$、$P_{bm4}(x,y,z)$ 和 $P_{bm5}(x,y,z)$，计算对应的两两孔的实际距离：

$$L_{pij} = \sqrt{(x_{bmi} - x_{bmj})^2 + (y_{bmi} - y_{bmj})^2 + (z_{bmi} - z_{bmj})^2} \tag{4-6}$$

其中：$i = 1 \sim 5$，$j = 1 \sim 5$，$i \neq j$，依次计算出 5 个梅花孔在标定板上投影点之间的距离 L_{p12}、L_{p13}、L_{p14}、L_{p15}、L_{p23}、L_{p24}、L_{p25}、L_{p34}、L_{p35}、L_{p45}。再将 l_{pij}、L_{pij} 一一对应，求出实际长度 1 mm 对应的像素点数 N_{ij}：

$$N_{ij} = \frac{l_{pij}}{L_{pij}} \tag{4-7}$$

求出对应的 N_{12}、N_{13}、N_{14}、N_{15}、N_{23}、N_{24}、N_{25}、N_{34}、N_{35}、N_{45}，再求取平均值 N，平均值即为像素点数和实际单位长度的对应关系，实际长度 1 mm 对应的像素点数 N 为

$$N = \sum_{i=1}^{5} \sum_{j=1}^{5} \frac{N_{ij}}{10} \quad (i \neq j) \tag{4-8}$$

（4）需要将 5 个孔的坐标转化为相机坐标系下的坐标，并且要从二维坐标扩展成为三维坐标。而标定的相机坐标系原点在和缩回状态的压力鼻平面沿刀具轴线正方向距离为 l_{tp} 的平行平面上，并且在相机中心轴线上，图 4-8 中相机坐标系的原点在相机视野中的投影在相机视野的正中央。同时，标定过程中标定板就固定在距缩回状态的压力鼻平面距离为 l_{tp} 的平行平面上，因此，5 个梅花孔在相机坐标系下的坐标分别为 $P_{bp1}(x,y,z)$、$P_{bp2}(x,y,z)$、$P_{bp3}(x,y,z)$、$P_{bp4}(x,y,z)$、$P_{bp5}(x,y,z)$，此时 5 个孔的坐标是在相机坐标系下的实际长度单位坐标，而 5 个孔在相机坐标系下的三维坐标和在相机自带的坐标系下的二维坐标的关系为

$$x_{bpi} = \frac{x_{bp0i} - 800}{N}, \quad y_{bpi} = \frac{y_{bp0i} - 800}{N}, \quad z_{bpi} = 0$$

（5）得到 5 个梅花孔在相机坐标系下的坐标 $P_{bp1}(x,y,z)$、$P_{bp2}(x,y,z)$、$P_{bp3}(x,y,z)$、$P_{bp4}(x,y,z)$、$P_{bp5}(x,y,z)$ 之后，按照标定标定板坐标系的方式，利用 5 个孔在相机坐标系下的坐标，建立标定板坐标系。

以孔 1 在相机坐标系下的坐标点 P_{bp1} 为原点，以孔 5 的坐标点为标定板坐标系 $x_b y_b z_b$ 的 x_b 轴正方向，再以孔 1 和孔 4 构建向量，向量的正方向为孔 1 指向孔 4，以右手定则，从 x_b 轴正方向指向构建的向量正方向，大拇指指向即为标定板坐标系 $x_b y_b z_b$ 的 z_b 轴正方向，用右手定则得到标定板坐标系 $x_b y_b z_b$ 的 y_b 轴正方向，并且，标定板坐标系 $x_b y_b z_b$ 的 y_b 轴正方向应该是由孔 1 指向孔 4 的方向。同时，能够得到标定板坐标系 $x_b y_b z_b$ 在相机坐标系 $x_p y_p z_p$ 中的位姿矩阵 $\boldsymbol{T}_{pb}$：

$$\boldsymbol{T}_{pb} = \begin{bmatrix} \boldsymbol{n}_{pb} & \boldsymbol{o}_{pb} & \boldsymbol{a}_{pb} & \textbf{Trans}_{pb} \\ 0 & 0 & 0 & 1 \end{bmatrix} \tag{4-9}$$

其中：$\boldsymbol{n}_{pb} = \left(\dfrac{\overrightarrow{P_{bp2}} - \overrightarrow{P_{bp1}}}{|\overrightarrow{P_{bp2}} - \overrightarrow{P_{bp1}}|} \right)'$；$\boldsymbol{a}_{pb} = \left(\dfrac{\overrightarrow{P_{bp1}P_{bp2}} \times \overrightarrow{P_{bp1}P_{bp3}}}{|\overrightarrow{P_{bp1}P_{bp2}} \times \overrightarrow{P_{bp1}P_{bp3}}|} \right)'$；$\boldsymbol{o}_{pb} = \boldsymbol{a}_{pb} \times \boldsymbol{n}_{pb}$；

$\textbf{Trans}_{pb} = \begin{bmatrix} x_{bp1} & y_{bp1} & z_{bp1} \end{bmatrix}'$。$\boldsymbol{n}_{pb}$、$\boldsymbol{o}_{pb}$、$\boldsymbol{a}_{pb}$ 是标定板坐标系 $x_b y_b z_b$ 的 3 个方向在相机坐标系 $x_p y_p z_p$ 下的单位向量，$\textbf{Trans}_{pb}$ 是标定板坐标系 $x_b y_b z_b$ 的原点 P_{bp1} 坐标值的转置。

按照上述 5 个步骤，就能求得标定板坐标系 $x_b y_b z_b$ 在相机坐标系 $x_p y_p z_p$

下的位姿矩阵 T_{pb}，再借助标定板坐标系 $x_b y_b z_b$ 在激光跟踪仪坐标系 $x_m y_m z_m$ 下的位姿矩阵 T_{mb}，可得到在激光跟踪仪坐标系 $x_m y_m z_m$ 下，相机坐标系 $x_p y_p z_p$ 的位姿矩阵 T_{mp}：

$$T_{mp} = T_{mb} \cdot (T_{pb})^{-1} = \begin{bmatrix} \boldsymbol{n}_{mb} & \boldsymbol{o}_{mb} & \boldsymbol{a}_{mb} & \mathbf{Trans}_{mb} \\ 0 & 0 & 0 & 1 \end{bmatrix} \cdot \begin{bmatrix} \boldsymbol{n}_{pb} & \boldsymbol{o}_{pb} & \boldsymbol{a}_{pb} & \mathbf{Trans}_{pb} \\ 0 & 0 & 0 & 1 \end{bmatrix}^{-1}$$

$$(4-10)$$

|4.6 制孔机器人末端工具坐标系和相机坐标系的现场标定过程|

　　在标定工具坐标系和相机坐标系的过程中，以标定的原理为基础，在制孔设备调试现场，按照现场标定过程，借助于激光跟踪仪和标定板，能同时将末端执行器上的工具坐标系和相机坐标系标定出来。图 4-9 所示为坐标系标定现场，标定过程如下：

　　做准备工作，打开激光跟踪仪并预热，将进给电机调整到位置 D，压力鼻缩回，标定板用压板固定在机器人正前方的工作台上，将机器人调整到一个合适的姿态，使得机器人带动末端执行器移动到末端执行器压力鼻距标定板平面为标准值 l_{tp}，并在标定板上进行法向调平，之后微调机器人的位置，确保相机能同时准确地拍到 5 个梅花孔，同时，将末端执行器调整到合适的位置，使得靶球能接收到激光线，则示教机器人当前点为 HOME1 点。之后所有的标定过程都从 HOME1 点出发，保证激光跟踪仪在标定坐标系过程中有固定的参考点。将靶球、靶球座安装在电主轴上的刀柄上，要保证在标定过程中，除了标定进给电机的方向之外，不能移动进给电机，以保证靶球和末端执行器的固联关系。

　　从机器人的 HOME1 点出发，按一个方向绕 A6 轴旋转，每隔 1°左右测量记录靶球的坐标，在过程中可以调整靶球的接收激光线口的朝向，以扩大测量范围。直到靶球接收不到激光线，则机器人回到 HOME1 点，再反方向绕 A6 轴旋转，来测量靶球位置，直到靶球接收不到激光线。如图 4-9 所示，绕 A6 轴旋转之后，可以在激光跟踪仪的数据处理界面上，通过采集的点来拟合绕 A6 轴旋转产生的圆和平面。

　　同上，从机器人的 HOME1 点出发，绕 A5 轴旋转，通过采集的点来拟合绕 A5 轴旋转产生的圆和平面。采集的点在激光跟踪仪测量软件 SpatialAnalyzer 下的图像如图 4-10 所示，在处理数据时，分别将绕 A6 轴旋转采集的点和绕 A5 轴旋转采集的点拟合成 A6 轴旋转圆、A6 轴旋转面和 A5 轴旋转圆、A5 轴旋转面,以此来求得在激光跟踪仪的坐标系下法兰坐标系的原点。如图 4-11 所示,求得 A5 轴旋转圆的圆心 O_6 点到 A6 轴旋转面的距离 D_{56},而 KUKA KR500-3 机器人轴五和轴六交于一点,A5 轴旋转圆圆心 O_5 点到法兰坐标系的原点距离为 290 mm,可求得法兰坐标系原点到 A6 轴旋转面的距离 $D_{F6} = D_{56} - 290$。

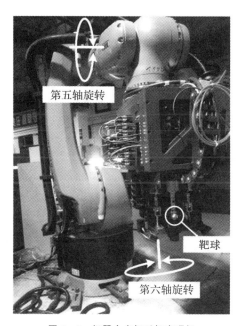

图 4-9　机器人坐标系标定现场

图 4-10　激光跟踪仪界面

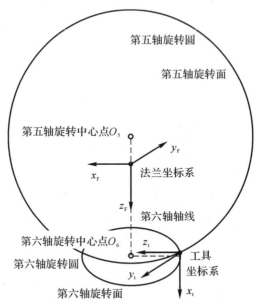

图 4-11   法兰坐标系和工具坐标系标定原理

以 A6 轴旋转圆的圆心 O_6 为中心,以 A6 轴旋转面的法向方向为偏移方向,向上偏移 D_{F6},得到的点即为法兰坐标系 $x_F y_F z_F$ 的原点 $O_F(x,y,z)$。而其中的 290 mm 会引入误差,导致 D_{F6} 不准确,以及最终标定的工具坐标系和相机坐标系的原点在法兰坐标系 $x_F y_F z_F$ 的 z_F 方向不准确,但这不影响工具坐标系和相机坐标系在使用时的精度。而且虽然机器人的空间定位精度不高,但是机器人单轴运动时的精度较高,可以借助于单轴的运动标定机器人坐标系。

机器人回到 HOME 点,运动到 HOME1 点,从 HOME1 点出发,在机器人法兰坐标系下运动,沿着法兰坐标系 $x_F y_F z_F$ 的 x_F 正方向(也可沿着 x_F 负方向)移动,隔 100 mm 左右采集一个点,拟合向量 $\boldsymbol{x}_{F0}$;再沿着法兰坐标系的 y_F 正方向(也可沿着 y_F 负方向)移动,拟合向量 $\boldsymbol{y}_{F0}$。将 A6 轴旋转面法线方向指向下,作为法兰坐标系 $x_F y_F z_F$ 的 z_F 正方向,分别比较 z_F 正方向和向量 $\boldsymbol{x}_{F0}$、$\boldsymbol{y}_{F0}$ 的夹角:

$$\theta_{xz} = \arccos\left(\frac{\overrightarrow{z_F} \cdot \overrightarrow{\boldsymbol{x}_{F0}}}{|\overrightarrow{z_F} \cdot \overrightarrow{\boldsymbol{x}_{F0}}|}\right) \qquad (4-11)$$

$$\theta_{yz} = \arccos\left(\frac{\overrightarrow{z_F} \cdot \overrightarrow{\boldsymbol{y}_{F0}}}{|\overrightarrow{z_F} \cdot \overrightarrow{\boldsymbol{y}_{F0}}|}\right) \qquad (4-12)$$

当两夹角或其中一个夹角在 $89.95° \sim 90.05°$ 范围内时,选取夹角接近 $90°$ 的向量为较准确方向,若两夹角都不在 $89.95°\sim90.05°$ 范围内,则重新标定采点。用 z_F 正方向和较准确方向 $\boldsymbol{x}_{F0}$(或 $\boldsymbol{y}_{F0}$)组建平面,平面的法向指向向量 $\boldsymbol{y}_{F0}$ 方向(向量 $\boldsymbol{x}_{F0}$)即为法兰坐标系 $x_F y_F z_F$ 的 y_F 正方向,单位向量为

$$\boldsymbol{o}_{mF} = \frac{\overrightarrow{z_F} \times \overrightarrow{\boldsymbol{x}_{F0}}}{\left|\overrightarrow{z_F} \times \overrightarrow{\boldsymbol{x}_{F0}}\right|} \tag{4-13}$$

利用右手定则确定法兰坐标系 $x_F y_F z_F$ 的 x_F 正方向,再以法兰坐标系 $x_F y_F z_F$ 的原点 O_F 为基准,三个正方向为坐标系三方向,构建法兰坐标系,如图 4-11 所示,即可得到在激光跟踪仪坐标系 $x_m y_m z_m$ 下法兰坐标系的位姿矩阵 $\boldsymbol{T}_{mF}$:

$$\boldsymbol{T}_{mF} = \begin{bmatrix} \boldsymbol{n}_{mF} & \boldsymbol{o}_{mF} & \boldsymbol{a}_{mF} & \textbf{Trans}_{mF} \\ 0 & 0 & 0 & 1 \end{bmatrix} \tag{4-14}$$

其中: $\boldsymbol{a}_{mF} = \dfrac{\overrightarrow{z_F}}{\left|\overrightarrow{z_F}\right|}$; $\boldsymbol{n}_{mF} = \boldsymbol{o}_{mF} \times \boldsymbol{a}_{mF}$; $\textbf{Trans}_{mF} = (x_F, y_F, z_F)'$。

标定末端执行器的进给电机方向,作为工具坐标系 $x_t y_t z_t$ 的 x_t 方向。 机器人回到 HOME 点,从 HOME 点出发,运动到 HOME1 点,进给电机前进(后退),每隔 5 mm 左右采集点,适当多采集点,拟合进给电机的进给直线,方向指向制孔方向作为工具坐标系 $x_t y_t z_t$ 的 x_t 正方向。

标定工具坐标系 $x_t y_t z_t$ 的 TCP 点。保证机器人在 HOME1 点不动,用激光跟踪仪标定压力脚平面,如图 4-6 所示,将压力脚平面,沿着工具坐标系 $x_t y_t z_t$ 的 x_t 正方向偏移,偏移量为压力鼻的长度加上 l_{tp},得到偏移平面,而偏移平面和拟合的进给电机直线的交点,即为工具坐标系 $x_t y_t z_t$ 的 TCP 点 $O_t(x, y, z)$。

处理数据得到工具坐标系 $x_t y_t z_t$。如图 4-11 所示,将法兰坐标系 $x_F y_F z_F$ 的 y_F 正方向(x_F 正方向)投影到工具坐标系 $x_t y_t z_t$ 的 x_t 正方向的切面上,反向得到工具坐标系 $x_t y_t z_t$ 的 y_t 正方向(z_t 正方向),再根据右手定则,得到工具坐标系 $x_t y_t z_t$ 的 z_t 正方向(y_t 正方向)。以工具坐标系 $x_t y_t z_t$ 的 TCP 点为基准,三个方向为坐标系的三方向,构建工具坐标系,如图 4-11 所示,即可得到在激光跟踪仪坐标系下工具坐标系的位姿矩阵 $\boldsymbol{T}_{mt}$:

$$\boldsymbol{T}_{mt} = \begin{bmatrix} \boldsymbol{n}_{mt} & \boldsymbol{o}_{mt} & \boldsymbol{a}_{mt} & \textbf{Trans}_{mt} \\ 0 & 0 & 0 & 1 \end{bmatrix} \tag{4-15}$$

其中: $\boldsymbol{n}_{mt} = \dfrac{\overrightarrow{x_t}}{\left|\overrightarrow{x_t}\right|}$; $\boldsymbol{a}_{mt} = \dfrac{\overrightarrow{y_F} \times \overrightarrow{x_t}}{\left|\overrightarrow{y_F} \times \overrightarrow{x_t}\right|}$; $\boldsymbol{o}_{mt} = \boldsymbol{a}_{mt} \times \boldsymbol{n}_{mt}$; $\textbf{Trans}_{mt} = (x_t, y_t, z_t)'$。

第一步:保证机器人在 HOME1 点不动,打开相机即可在相机坐标系下清晰地看到 5 个梅花孔,记录在相机自带的坐标系下 5 个梅花孔中心的坐标

值 $P_{bp01}(x,y)$、$P_{bp02}(x,y)$、$P_{bp03}(x,y)$、$P_{bp04}(x,y)$、$P_{bp05}(x,y)$，如图 4-8 所示，再将 5 个梅花孔在相机自带的坐标系下的坐标值转化为在相机坐标系下的坐标值 $P_{bp1}(x,y,z)$、$P_{bp2}(x,y,z)$、$P_{bp3}(x,y,z)$、$P_{bp4}(x,y,z)$、$P_{bp5}(x,y,z)$，再构建相机坐标系 $x_py_pz_p$ 和标定板坐标系 $x_by_bz_b$，得到标定板坐标系 $x_by_bz_b$ 在相机坐标系 $x_py_pz_p$ 下的位姿矩阵 $\boldsymbol{T}_{pb}$。

第二步：将机器人移开，将靶球和靶球座安装在标定板上，标定出标定板上的 5 个梅花孔在激光跟踪仪坐标系 $x_my_mz_m$ 下的坐标 $P_{bm10}(x,y,z)$、$P_{bm20}(x,y,z)$、$P_{bm30}(x,y,z)$、$P_{bm40}(x,y,z)$、$P_{bm50}(x,y,z)$，再按照标定板坐标系的构建方法，在激光跟踪仪坐标系 $x_my_mz_m$ 下，构建标定板坐标系 $x_by_bz_b$，得到标定板坐标系 $x_by_bz_b$ 在激光跟踪仪坐标系 $x_my_mz_m$ 下的位姿矩阵 $\boldsymbol{T}_{mb}$。

按照上述步骤可得到在激光跟踪仪坐标系 $x_my_mz_m$ 下，法兰坐标系 $x_Fy_Fz_F$、工具坐标系 $x_ty_tz_t$、标定板坐标系 $x_by_bz_b$ 的位姿矩阵 $\boldsymbol{T}_{mF}$、$\boldsymbol{T}_{mt}$、$\boldsymbol{T}_{mb}$，以及在相机坐标系 $x_py_pz_p$ 下标定板坐标系 $x_by_bz_b$ 的位姿矩阵 $\boldsymbol{T}_{pb}$。利用矩阵转换，便可以得到在法兰坐标系 $x_Fy_Fz_F$ 下，工具坐标系的位姿矩阵 $\boldsymbol{T}_{Ft}$ 和相机坐标系的位姿矩阵 $\boldsymbol{T}_{Fp}$。

第 5 章

法向检测技术

　　自动制孔过程中,制孔垂直度误差在很大程度上取决于制孔过程中刀具轴线相对工件的垂直精度。从理论上讲,离线编程时可以根据理论数学模型获得制孔部位的法向信息,但由于部件的加工误差、装配误差和自身变形等因素,往往导致制孔部位的实际外形与理论外形有一定的偏差,如果仍然按照理论数学模型确定制孔部位的法向,会导致制孔质量缺陷。因此,需要在制孔前,实时测量法向偏差并调整刀具姿态,使得待加工孔处法线与刀具轴线重合,以满足飞机零部件制造与装配中对孔垂直度的工艺要求($\leqslant 0.5°$)。

　　法向调平技术即利用末端执行器上安装的 4 个激光位移传感器实时检测工具姿态(法向检测)并调整刀具姿态,将刀具轴向偏差控制在正常范围内,法向调平技术是提高制孔质量的关键技术之一。用于法向检测的数学模型中涉及 4 个激光位移传感器的位置和激光的发射方向。由于激光位移传感器缺少精确定位装置,安装完成后其实际位置和激光射线的实际方向与理论模型中存在不可忽略的偏差,所以按照理论值计算的法向值将严重偏离实际值。故在法向测量之前先对激光位移传感器进行标定,得到 4 个位移传感器实际的位置和姿态(激光束的方向)。基本原理是:在传感器安装完成后,4 个传感器同时测量几个已知的平面,根据传感器读数、平面的法向量、与压力脚平面的距离等信息推算出 4 个激光位移传感器实际的位置和姿态,即激光位移传感器的实际"零点"。

|5.1 激光位移传感器的标定|

激光位移传感器的标定分为姿态标定和位置标定两部分。姿态标定即推算激光位移传感器激光束的发射方向,包括与参考坐标系基准平面的夹角 ∂ 和在基准平面上的投影线与坐标轴的夹角 β。位置标定即计算激光位移传感器实际零点在参考坐标系下的坐标。本章中法向检测的参考坐标系的 xOy 平面与压力脚平面重合,z 轴沿加工轴线,由制孔末端执行器向外,当制孔末端执行器水平放置时,y 轴垂直向下,x 轴由右手定则确定。由于激光位移传感器安装误差的存在,4 个光源很可能不满足设计平行于压力脚平面的假设,故将零点平移到参考坐标系的 xOy 平面上,即构造参考零点,本章中所指的零点均为参考零点。

5.1.1 方向标定

图 5-1 所示为激光射线的姿态标定示意图。其中平面 π 为平行于压力脚的平面,即构造的激光位移传感器"零点"所在的基准平面,平面 π_2 为平行于 π_1 的平面,平面 π_3 为先将 π_1 平移后绕坐标轴 x 或 y 旋转后得到的平面。

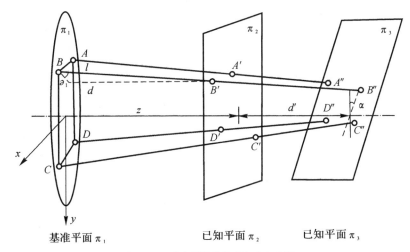

图 5-1 激光射线的姿态标定示意图

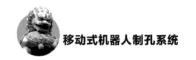

激光位移传感器姿态标定(以传感器 A、B 为例)的步骤及算法如下:

(1)以激光距离传感器 B 为例,将基准平面 π_1 轴向移动距离 d、d' 得到平面 π_2 和 π_2'。已知平面 l、l' 根据激光距离传感器的读数得到,距离 d、d' 由控制高精度线性进给滑台的进给电机得到,则激光距离传感器 B 发出的激光射线与投影面 π_1 的线面角 $\partial_B = a\sin\left(\left|\dfrac{d-d'}{l-l'}\right|\right)$,其余 3 个传感器的求解相同,在后续的计算过程中,线面角 ∂_A、∂_B、∂_C、∂_D 作为已知量使用。

(2)以平面 π_2 为起始位置,沿轴向移动距离 d 后再分别绕 x 轴旋转 α_1 和 α_2,从 z 轴向下看,如图 5-2 所示。读取传感器 A、B 的值并计算传感器 A、B 的激光射线在平面 π_1 上的投影线与 x 轴的夹角。传感器 C、D 的求解类似。算法原理如下:

如图 5-2 所示,A''、B''、A'''、B''' 分别为平面 π 绕 x 轴旋转 α_1、α_2 时激光位移传感器 A、B 发出的射线在被测平面形成的光斑在平面 xy 上的投影,l_3、l_4 为 $A''B''$、$A'''B'''$ 沿 y 方向的距离,易知:

$$l_3 - l_1\sin\beta_A + l_2\sin\beta_B = l_4 \tag{5-1}$$

其中

$$\left.\begin{array}{l} l_1 = A''A''' = (|\,s_{A\alpha1} - s_{A\alpha2}\,|)\cos\partial_A \\ l_2 = B''B''' = (|\,s_{B\alpha1} - s_{B\alpha2}\,|)\cos\partial_B \end{array}\right\} \tag{5-2}$$

由于被测平面由平面 π 旋转得到,即被测平面和平面 π 的面面角为 α_1,交线为平行于 x 轴的直线,所以根据面面角的定义,从垂直于 yOz 面的 K 方向看去,有

$$\left.\begin{array}{l} l_3 = \left|\dfrac{(s_{B\alpha1} - s_{B0})\sin\partial_B - (s_{A\alpha1} - s_{A0})\sin\partial_A}{\tan\alpha_1}\right| \\[2mm] l_4 = \left|\dfrac{(s_{B\alpha2} - s_{B0})\sin\partial_B - (s_{A\alpha2} - s_{A0})\sin\partial_A}{\tan\alpha_2}\right| \end{array}\right\} \tag{5-3}$$

式中:$s_{A\alpha1}$、$s_{B\alpha1}$、$s_{B\alpha2}$、$s_{A\alpha2}$ 为平面 π 绕 x 轴旋转 α_1、α_2 时激光位移传感器 A、B 的读数;s_{B0}、s_{A0} 为待测平面为构造的激光位移传感器发射源的平面时激光位移传感器 A、B 的读数。

如图 5-3 所示,A''、B''、A'''、B''' 分别为平面 π 绕 y 轴旋转 δ_1、δ_2 时激光位移传感器 A、B 发出的射线在被测平面形成的光斑在平面 xy 上的投影,l_3、l_4 为 $A''B''$、$A'''B'''$ 沿 x 方向的距离,则有

$$l_3 - l_1\cos\beta_A - l_2\cos\beta_B = l_4 \tag{5-4}$$

将相应的参数代入式(5-2),得到 l_1、l_2。将相应的参数代入式(5-3),得到 l_3、l_4。

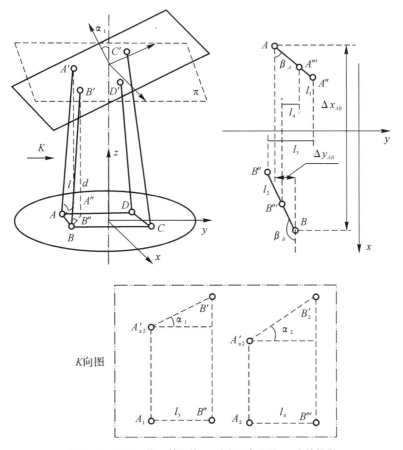

图 5－2 平面 π 绕 x 轴旋转 α_1 后光斑在平面 xy 上的投影

　　根据平面 π 绕 x 轴旋转 α_1、α_2 时的测量值列出式（5-1），根据平面 π 绕 y 轴旋转 δ_1、δ_2 的测量值时列出式（5-4），即一组 α_1、α_2、δ_1、δ_2 可以得到两个等式。取至少两组 α_1、α_2、δ_1、δ_2，得到四个等式，联立后求得 β_A 和 β_B。

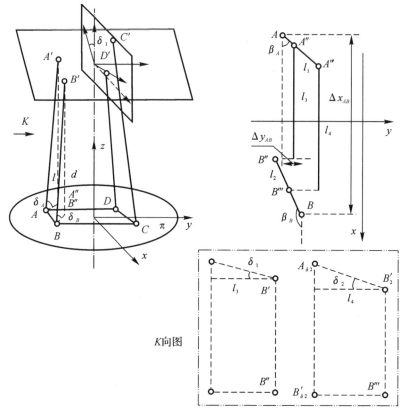

图 5 - 3　平面 π 绕 y 轴旋转 δ_1，光斑在平面 xy 上的投影

5.1.2　位置标定

激光传感器位置的标定即求解构造的激光位移传感器发射源平面上 4 个传感器的相对位置，如图 5-4 所示。经过姿态标定求得 ∂ 和 β 后，激光位移传感器 A、B 在 x 方向和 y 方向的距离 Δx_{AB}、Δy_{AB} 均可容易求得。求解过程如下：

如图 5 - 2 所示，有

$$\Delta x_{AB} = l_4 + l_{AA''}\cos\partial + l_{BB''}\cos\beta \qquad (5-5)$$

其中

$$\begin{cases} l_{AA''} = (s_{A\alpha 2} - s_{A0})\cos\partial_A \\ l_{BB''} = (s_{B\alpha 2} - s_{B0})\cos\partial_B \end{cases}$$

如图 5 - 3 所示，有

$$\Delta y_{AB} = l_{AA''}\sin\partial - l_4 + l_{BB''}\sin\beta \qquad (5-6)$$

其中

$$\begin{cases} l_{AA''} = (s_{A\delta 2} - s_{A0})\cos\partial_A \\ l_{BB''} = (s_{B\delta 2} - s_{B0})\cos\partial_B \end{cases}$$

其他传感器的相对位置关系 Δx_{BC}、Δy_{BC}、Δx_{CD}、Δy_{CD} 的求解过程类似。

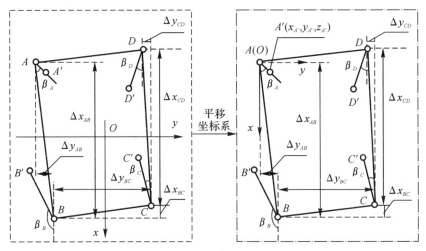

图 5-4　激光距离传感器"零点"位置

|5.2　法向检测原理|

　　本节采用 4 点调平算法,测量原理如图 5-5 所示。制孔末端执行器上装有 4 个距离传感器 S_1、S_2、S_3、S_4,P_1、P_2、P_3、P_4 为激光位移传感器发射的激光在被测曲面上产生的光斑。在每次制孔前,首先使用 4 个激光位移传感器实时测量传感器光源与加工点 M 点周围 P_1、P_2、P_3、P_4 的距离并计算在压力脚坐标系下的法向量。由于 4 点 P_1、P_2、P_3、P_4 中任意 3 点都不共线,则 4 点可以构成加工点 M 点周围 4 个微平面($P_1P_2P_3$、$P_1P_2P_4$、$P_1P_3P_4$、$P_2P_3P_4$)。分别将每 1 个微平面上的 3 个点代入法向计算数学模型中,计算出 4 个微平面在压力脚坐标系下的法向量(n_x,n_y,n_z)。通过特定算法,将 4 个法向量"加权平均",作为加工点 M 点的法向量,4 点法法向计算的结果更接近于实际加工点 M 点的法向。

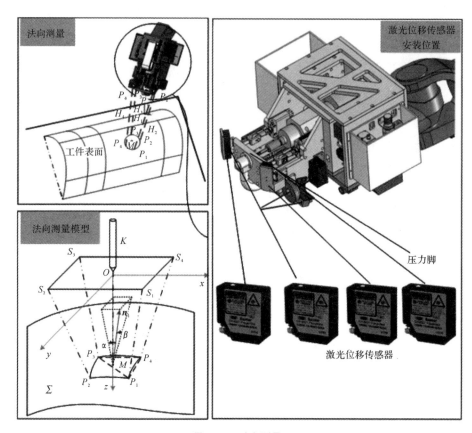

图 5-5　法向测量

具体计算方法如下：

假设某一次法向测量时传感器 S 的读数为 S_S。4 个光斑在平面 xy 上的投影分别为 A'、B'、C'、D'。如图 5-5 所示，将坐标系 $O\text{-}xyz$ 平移到 A 点，4 个光斑点为 S_A、S_B、S_C、S_D，在坐标系 $A\text{-}xyz$ 中的坐标是 (x_{SS}, y_{SS}, z_{SS})，则有

$$\begin{cases} x_{Ss} = l_{ss'}\cos\beta_S + \Delta x_{AS} \\ y_{Ss} = l_{ss'}\sin\beta_S + \Delta y_{AS} \\ z_{Ss} = (S_S - S_{S0})\sin\partial_S \\ l_{ss'} = (S_S - S_{S0})\cos\partial_S \end{cases}$$

取 S_A、S_B、S_C 构成的微平面，则 3 个点在坐标系 $O\text{-}xyz$ 下的坐标分别为 $(x_{SA}, y_{SA}, z_{SA})(x_{SB}, y_{SB}, z_{SB})(x_{SC}, y_{SC}, z_{SC})$，计算对应的微平面的法向量：

$$\boldsymbol{n}_{ABC} = \frac{\overrightarrow{S_A S_B} \times \overrightarrow{S_A S_C}}{|\overrightarrow{S_A S_B} \times \overrightarrow{S_A S_C}|} \tag{5-7}$$

其余 3 个微平面的法向量求解方法相同。显然,微平面在坐标系 A-xyz 和 O-xyz 的法向量相同。

取 4 个微平面法向量的平均值 n 作为最终计算结果:

$$n = \frac{1}{4}(n_{ABC} + n_{ACD} + n_{ABD} + n_{BCD}) \quad (5-8)$$

法向量 n 与电主轴的夹角为

$$\theta_{nx} = a\cos([1 \quad 0 \quad 0] \cdot n) = a\cos(n(1,1)) \quad (5-9)$$

|5.3 法向调平技术与软件实现|

法向调平的目的是为了调整末端执行器姿态,使电主轴方向与孔位法向夹角 θ_{nx} 满足工艺要求($\leqslant 0.5°$),也就是使工具坐标系的 z 轴与工件法向 n 相同。假设绕工具坐标系姿态调整量为 (A,B,C),则旋转后工具坐标系的姿态为

$$R = \mathbf{rot}(z,A) \cdot \mathbf{rot}(y,B) \cdot \mathbf{rot}(z,C) =$$

$$\begin{bmatrix} cAcB & cAsBsC - sAcC & cAsBcC + sAsC \\ sAcB & sAsBsC + cAcC & sAsBcC - cAsC \\ -sB & cBsC & cBcC \end{bmatrix}$$

只需满足工具坐标系的 z 轴与孔位法向一致,即第 3 列与根据式(5-8)得到的法向量对应相等,有

$$n = [cAsBcC + sAsC \quad sAsBcC - cAsC \quad cBcC]^{\mathrm{T}} \quad (5-10)$$

式(5-10)为 3 个未知数、3 个方程的非线性方程组,且独立方程只有两个,因此解有无数个。为简化求解并使法向调整量最小,令 $A=0$,有

$$n = [sBcC \quad -sC \quad cBcC]^{\mathrm{T}}$$

$$B = a\tan2(n(1,1),n(3,1)) \quad (5-11)$$

$$C = -a\sin(n(2,1)) \quad (5-12)$$

法向调平计算由上位机 VS C#.Net 开发的应用程序完成,制孔机器人负责调平动作执行,PLC 负责通信与整体的协调与控制。上位机应用程序与 PLC 之间通过 TwincatADS 进行数据通信。法向调平的具体软件实现过程如图 5-6 所示:制孔机器人到达某一孔位后,发送请求法向调平信号 Out[m],TwincatPLC 接收到法向调平请求信号后,触发上位机根据读数计算 θ_{nx} 和调整量 (A,B) 值,如果法向夹角 $\leqslant 0.5°$,将调平合格握手信号 Out[k] 置为 true,如果法向夹角 $> 0.5°$,调平合格握手信号 Out[k] 置为 false,并将调整量 (A,B) 写入相应的端口,写入完成握手信号 Out[n] 置为 true。机器人检测到写入完成握

手信号 Out[n]为 true 后,判断 Out[k]是否为 true,若为 true,表示调平合格,开始钻孔循环;反之,则根据相应端口的 A、B 值调整姿态,调整完成后重新发送请求法向调平信号,如此循环,直至法向满足要求。

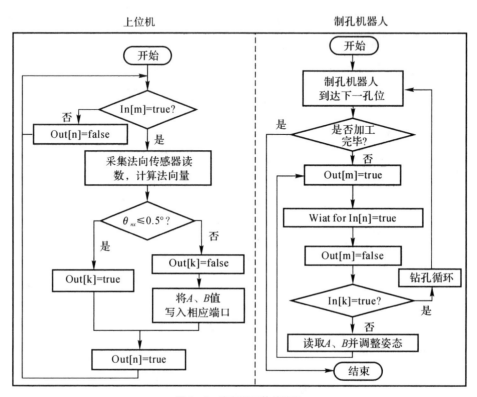

图 5-6　法向调平软件流程

|5.4　法向调平实验|

制孔设备选用的激光距离传感器型号为基恩士距离传感器 IL-100。实验选取 3 个传感器检验法向调平技术。位移传感器的输出信号通过 Beckhoff 的 EP3174 四通道模拟量差分输入端子盒进行采集,该端子盒用于采集 4～20 mA 的电流信号,模块信号采集为 16 位,进行模数转换时将 4～20 mA 电流信号转换为 0～65 536 的数字信号。

首先建立传感器的数字量输出和放大器的函数关系。传感器 A、B、C 数字量和传感器对应的距离值分别见表 5 - 1 和表 5 - 2,传感器 A、B、C 在末端执行器上的安装位置及标定工具如图 5 - 7 所示。

利用 MATLAB 的线性拟合函数对表中的数据进行拟合,得到距离值 S 与数字量输出 x 的关系如下。

传感器 A:$S_1 = 0.001\ 220\ 540\ 618\ 290\ 198\ 33x - 19.985\ 854\ 261\ 459\ 746\ 2$

传感器 B:$S_2 = 0.001\ 221\ 484\ 847\ 448\ 409\ 30x - 20.005\ 423\ 683\ 197\ 399\ 5$

传感器 C:$S_3 = 0.001\ 219\ 972\ 389\ 467\ 149\ 23x - 19.972\ 465\ 398\ 675\ 890\ 2$

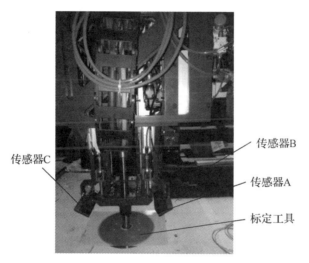

图 5 - 7 标定实验现场

表 5 - 1 传感器数字量

	1	2	3	4	5	6	7	8	9	10
A	29 655	26 607	23 576	20 008	16 915	12 841	11 053	6 314	4 587	2 108
B	28 143	25 063	22 051	18 584	15 459	11 470	9 636	5 049	3 284	859
C	32 206	29 128	26 105	22 622	19 532	15 568	13 717	9 092	7 401	4 863
	11	12	13	14	15	16	17	18	19	20
A	422	26 935	22 000	19 697	14 969	12 701	15 190	17 566	22 009	18 596
B	6	25 406	20 348	18 294	13 560	11 353	13 779	16 107	20 497	17 192
C	3 244	29 502	24 611	22 319	17 610	15 433	17 853	20 154	24 660	21 217

表 5-2 传感器距离值　　　　　　（单位:mm）

	1	2	3	4	5	6	7	8	9	10
A	16.21	12.49	8.78	4.43	0.66	−4.31	−6.5	−12.28	−14.38	−17.42
B	14.37	10.6	6.93	2.69	−1.11	−5.99	−8.24	−13.85	−15.99	−18.96
C	19.32	15.57	11.87	7.63	3.86	−0.98	−3.23	−8.89	−10.94	−14.04
	11	12	13	14	15	16	17	18	19	20
A	−19.48	−21.61	12.89	6.87	4.06	−1.72	−4.48	−1.44	1.45	6.88
B	−20.97	−23.14	11.03	4.85	2.34	−3.45	−6.12	−3.17	−0.33	5.03
C	−16.03	−18.09	16.01	10.05	7.26	1.5	−1.14	1.8	4.62	10.11

表 5-3 为激光位移传感器位置标定和方向标定所需要的原始数据,利用 5.1 节的标定方法,得到的标定结果见表 5-4,其中,变量的定义如图 5-8 所示。

表 5-3 法向传感器标定原始数据

	$d=0(\pi_1)$	$d=-15$	$d=-10$	$d=-5$	$d=0$	$d=5$	$d=10$
A	−21.34	−15.07	−8.72	−2.49	3.75	10.01	16.19
B	−23.12	−16.91	−10.55	−4.28	1.99	8.14	14.31
C	−17.59	−11.46	−5.28	0.83	6.95	13.14	19.28
	$d=15$	$\partial=3°$	$\partial=1°5'$	$\partial=12°15'$	$\delta=4°45'$	$\delta=6°5'$	
A	22.43	−16.46	−11.5	−16.06	3.24	9.31	
B	20.47	−17.62	−13.03	−18.93	−16.9	−14.18	
C	25.41	−2	−3.8	24.24	−19.63	−17.08	

备注:除角度外,其他单位均为 mm。

表 5-4 法向传感器标定结果

A零位	B零位	C零位	dy_{12}	dz_{12}	dy_{13}	dz_{13}	$\sin\partial_A$	$\sin\partial_B$	$\sin\partial_C$
−21.15	−22.47	−16.78	0.01	55.03	183	−16.25	5/6.248	5/6.192	5/6.142

备注:除角度外,其他单位均为 mm。

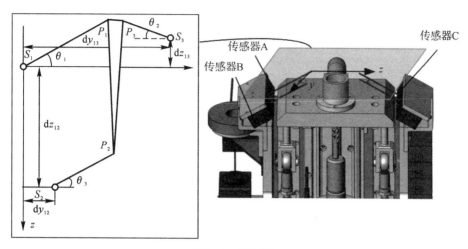

图 5 - 8　标定结果

　　根据上述实验标定结果,设计了一组验证实验。实验过程是,精加工一待测平板,按照图 5 - 9 所示的方式,用量块垫起待测平板一边,形成待测夹角 η。通过改变量块的高度或者左右移动量块,可以改变 η 的大小。用角规测量压力脚平面和待测平面得到夹角 η 的实际值,本实验中用到的角规精度为 $5'$(约为 $0.083\,3°$)。传感器检测值和角规测量值对比见表 5 - 5。

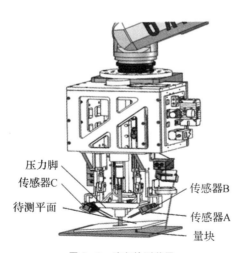

图 5 - 9　法向检测装置

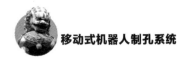

表 5 - 5　法向检测验证实例

序　号	角规测量值	传感器检测值	误　差	A 读数	B 读数	C 读数
1	11°5′	11.25°	0.166 7°	20.38	5.12	28.26
2	6°15′	6.14°	0.11°	16.14	7.13	22.85
3	14°20′	14.10°	−0.233 3°	29.02	26.95	−6.41
4	4°30′	4.38°	−0.12°	18.36	15.79	10.99
5	7°40′	7.53°	−0.136 7°	22.71	14.31	16.87
6	4°50′	4.71°	−0.123°	20.45	17.8	12.39
7	3°45′	3.62°	−0.13°	19.45	16.8	14.35
8	3°5′	3.01°	−0.07°	15.49	16.12	12.44
9	3°35′	3.47°	−0.11°	12.3	14.39	18.23
10	6°35′	6.71°	0.13°	10.21	16.59	15.24
11	8°40′	8.79°	0.12°	8.45	17.38	14.53
12	3°5′	3.28°	0.20°	6.42	7.49	16.29
13	10°40′	10.5°	−0.17°	−5.43	5.23	8.59
14	9°30′	9.31°	−0.19°	−8.46	−4.13	18.26
15	10°10′	10.06°	−0.11°	−12.38	−3.5	8.45

备注:传感器读数单位均为 mm。

　　从表 5 - 5 中可以看出,传感器检测值和角规测量值相差不大于 0.3°,而实际要求≤0.5°,检测精度已达到实际要求。

|5.5　制孔法向调平过程|

　　在自动制孔过程中,制孔的精度很大程度上取决于在制孔时,刀具轴线相对于工件的垂直精度。在自动加工时,离线程序中的理论位置很难与实际制孔中的位置重合,同时,理论的刀具轴线与工件的法向方向一定存在着角度偏差,导致按照理论的刀具轴线制孔,孔的垂直精度不能得到保证。如图 5 - 10 所示,针对这种情况,就需要借助于一些传感器作为测量元件,去测量在实际加工过程中,实际的刀具轴线和工件加工点的法向方向角度,再根据偏差角度调整机器人。测量元件选用 4 个相同型号的激光距离传感器,通过一定的安装方式和标定方法,来测得刀具轴线和工件加工点表面的法向方向角度,图 5 - 10 中的 4 个激光传感器通过一定角度安装,照射到工件表面,形成一个小的四边形,不在同一条线上的 3 个点构成一个平面,安装 4 个激光距离传感器,每 3 个传感器光点构成一个微平面,而 4 个传感器光点可以构成 4 个微平面,通过加权平均,拟合成一个平面,以减小激光距离传感器测距的误差对最终测得刀具轴线和工件法向方向偏角的影响。

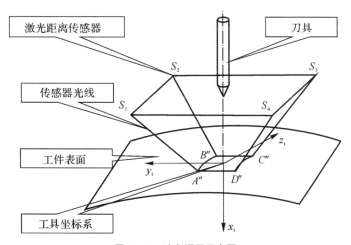

图 5 - 10   法向调平示意图

在机器人控制器中,法向调平功能的实现,是通过将法向调平编写成一个固定的系统程序来实现的,当需要法向调平时,调用法向调平程序,作为一个子程序嵌入应用程序中,如图 5 - 11 所示的法向调平子程序的调用,在机器人控制器中,预先编写好法向调平程序 Tiaoping(),在应用程序中需要法向调平时,则在应用程序中调用法向调平子程序,进行法向调平。一般情况下,在自动制孔程序中,编程点中一般分为制孔点和中间点,制孔点即需要制孔的点;而中间点是在编程过程中为了避开障碍物,或是变换姿态,或是为了优化运动轨迹而在制孔点与制孔点之间加入的点。在离线编程生成的制孔程序中,一般只在制孔点之后调用法向调平子程序,并且法向调平程序加在制孔点之后制孔循环之前。这样在制孔点到位后,进行法向调平;在保证刀具轴线和工件法向方向平行之后,调用制孔循环程序,进行制孔。

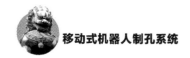
```
PTP HOME；机器人回零点
LIN P1；直线走到P1点
LIN P2；直线走到P2点
        ⋮
LIN P6；直线走到P6点

Tiaoping（）；调用调平子程序

Out[30]=true；机器人到位
Wait for in [14]；等待制孔结束
Out[30]=false；变量初始化

LIN P7；直线走到P7点
        ⋮

PTP HOME；程序结束，机器人回零点
```

图 5 - 11 法向调平子程序调用

而对法向调平程序的设计,主要是通过法向距离传感器采集 4 个传感器到工件表面的距离值,将距离值传给中央控制器,再通过存储在中央控制器中的法向调平算法计算偏转角,传给机器人,让机器人移动偏转角,再次通过传感器采集距离值,再次计算,按照上述方法,循环多次,直到检测的偏转角符合要求,跳出循环。

在机器人移动到制孔点之后,调用法向调平程序,如图 5 - 12 所示,法向调平程序给中央控制器信号,中央控制器采集法向距离传感器采集距离值 D_1、D_2、D_3、D_4,再根据存储在中央控制器的法向调平算法,计算偏转角 α,并根据 α 分析机器人移动转角 A、B,将偏转角 α 与标准值 0.3°比较,若偏转角超差,则给机器人传送移动转角 A、B,移动机器人,到位后,再次采集距离值,计算分析,与标准值比较,给机器人传值,并移动机器人,多次循环,直到偏转角 α 在允许的误差范围内,跳出循环。

在法向调平程序中,主要引入误差的源头有机器人移动时的定位误差和激光距离传感器采集距离时的距离误差。对激光距离传感器而言,可在机器人静止时采用采集 n 组值进行平均的方法,以减小误差;而机器人的定位误差无法减小,只能进行多次循环,直到结果满足要求。

PTP HOME
LIN P1
LIN P2
⋮
LIN P6

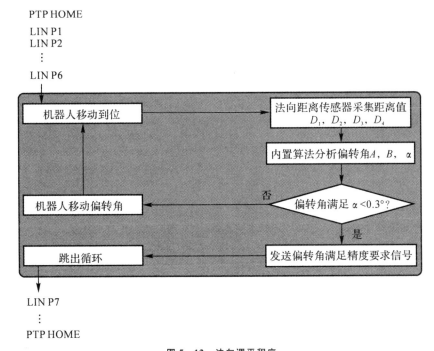

LIN P7
⋮
PTP HOME

图 5 - 12　法向调平程序

第 6 章

基准检测技术

|6.1 问 题 提 出|

在制孔设备工作时,孔的空间位置精度是制孔质量的关键,在自动制孔过程中,提高制孔的空间位置精度能很大程序上提高产品的最后质量。而影响制孔空间位置精度的因素有很多,主要有两方面:制孔设备和加工工件之间的实际位置关系和理论位置关系的偏差、机器人的空间定位误差。

在制孔设备工作时,制孔设备和加工工件之间的实际关系和理论关系总有偏差。在设备加工时,运行的机器人程序是通过离线编程生成的离线程序,在离线编程时,对机器人规划的轨迹和制孔点,是在设备和加工工件的理论关系下进行定义的。而在实际加工中,由于移动小车定位的误差,加上工件上零部件的安装误差,使得加工过程中,机器人和加工工件的相对空间位置与离线编程中的理论相对空间位置不同。为解决此问题,需要在工件上加上基准,同时在机器人上加上识别基准的检测元件。

如图 6-1 所示,在制孔设备实际加工中,是在工件上加上基准孔,在机器人末端加上高精度的工业相机来识别基准孔。当移动小车定位并对整个设备紧固之后,机器人理论的底座坐标系和机器人实际的底座坐标系之间有偏差,同时,零部件的安装可能也使得加工工件和理论位置有偏差,这就导致机器人和工件之间的实际位置关系和理论位置关系不同。进行基准找正时,运行基准找正程序,当基准孔进入工业相机的视野中时,调整机器人,使得基准孔到达相机视野

正中央,记录基准孔的坐标,建立基坐标系,以确定机器人和工件之间的实际位置关系。

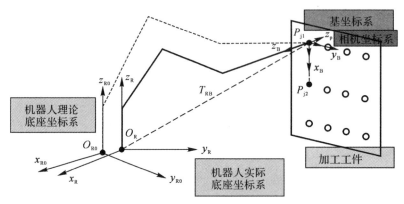

图 6 - 1　基准检测原理图

而影响孔的空间位置精度的第二大因素是机器人的空间定位精度。制孔设备选用的机器人为 KUKA KR500 - 3,重复定位精度为 0.08 mm,而此基准找正方法是在每个零部件上预设置一组基准,一组基准对应一个零部件上的制孔区域,在精确定位基准孔之后,就是根据相对关系来制孔,对机器人的空间绝对定位精度依赖性不大。同时,在制孔过程中,零部件上最大的制孔区域为 200 mm×700 mm×20 mm,零件上的孔分布密集。而机器人在此区域内的空间定位误差较稳定,只要在基准检测中基准孔定位准确,则制孔区域中的孔位定位也会较为准确。因此,机器人的空间定位精度对此种基准找正方法的影响不大。

|6.2　基准测量系统的标定|

本节将视觉坐标系的标定分为位置标定和方向标定两部分。位置标定即获取 TCP 点在视觉坐标系下的 2D 坐标(d_x, d_y),以及当激光位移传感器压力鼻前端距离工件表面标准高度(45 mm)时的读数 s_{z0};方向标定即获取视觉坐标系与工具坐标系绕工具坐标系 x 轴的旋转角度,以及激光位移传感器激光发射的方向。由于视觉坐标系固联于基准测量系统,所以下面所指的视觉坐标系的标定与基准测量系统的标定一致。

6.2.1 位置标定

位置标定基本原理是:设计专用的标定板,标定板上精加工若干相对位置关系已知的孔。如图 6-2(b)所示,标定时,将标准刀具装在主轴上,然后将刀具套在标定板右上方的孔中,为叙述方便,称此孔为主轴中心孔。调整相机焦距,可以拍摄到标定板上其余 5 个孔,由主轴中心孔与其余孔的相对位置关系[见图 6-2(a)],可推算出主轴中心孔在视觉坐标系下的坐标(d_x,d_y)。

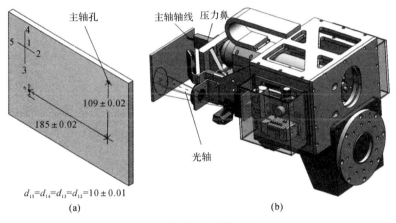

图 6-2 视觉系统标定板(单位:mm)

具体方法如下:

在工业相机拍摄的图像中获得的主轴中心孔(TCP 点)与在相机默认的坐标系中的位置如图 6-3 所示。

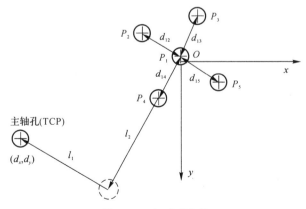

图 6-3 TCP 点的位置

主轴孔在视觉坐标系下的坐标为

$$\begin{bmatrix} d_x \\ d_y \end{bmatrix} = \overrightarrow{OP_1} + \frac{\overrightarrow{P_1P_4}}{|P_1P_4|}l_1 + \frac{\overrightarrow{P_1P_2}}{|P_1P_2|}l_2 \qquad (6-1)$$

如图 6-2 所示，$l_1 = 185\ mm$，$l_2 = 109\ mm$，代入式(6-1)，求得(d_x, d_y)。

激光位移传感器在设定安装位置时尽量保证将激光投射到基准孔附近，手动示教机器人，当末端执行器压力鼻前端面距离工件表面一定距离(即编程设计的安全高度)时，记录激光位移传感器的读数，作为激光位移传感器的零位s_{z0}。

6.2.2　方向标定

视觉坐标系的方向标定主要是为了获取激光位移传感器和工业相机光轴的方向。其标定方法是：如图 6-4 所示，将标定板固定于试刀台上，记录标定板上的孔 A 在相机坐标系下的坐标(x_0, y_0)，然后控制工业机器人沿工具坐标系的$-y$方向移动一定距离L，重新测量标定板，若视觉坐标系x轴和y轴方向与工具坐标系的$+y$方向和$-x$方向一致，则孔 A 的x坐标将增加L，y坐标不变。

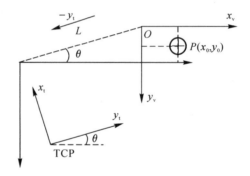

图 6-4　工业相机方向标定

若视觉坐标系的$+x$轴和工具坐标系的$+y$轴存在一定夹角θ(顺时针为正，逆时针为负)，则重新测量的孔 A 坐标将变成$(x_0 + L\cos\theta, y_0 - L\sin\theta)$，与实际测量得到的坐标值$(x, y)$对应相等，即可得到夹角$\theta$。

激光距离传感器的方向标定方法是：如图 6-5 所示，测量一系列平行于压力脚平面且距离值一定的平面，根据相邻两个平面的距离和激光位移传感器的读数，以及两平面的距离，可以方便地求出激光与压力脚平面的线面角θ_z，即

$$\theta_z = a\sin(d/s) \qquad (6-2)$$

至此，完成了视觉坐标系的标定。

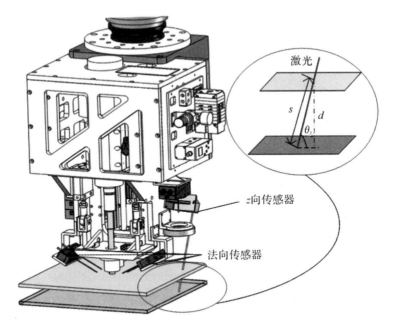

激光

s d θ_z

z向传感器

法向传感器

图 6 - 5　位移传感器方向标定

|6.3　基准检测原理分析|

6.3.1　基准检测原理

1.三点法基准检测原理

三点法基准检测原理分为两种:直接计算法和最小二乘匹配法。

其中,直接计算法是:如图 6 - 6 所示,以 P_1 为原点,$\overrightarrow{P_1P_2}$ 代表的方向为 x 轴,P_1、P_2、P_3 确立的平面的法向量为 z 轴,建立坐标系。理论上机器人基坐标系到 P_1、P_2、P_3 三点确立的坐标系 P_1-xyz 的转换矩阵为

$$T_1 = \begin{bmatrix} \boldsymbol{n}_1 & \boldsymbol{o}_1 & \boldsymbol{a}_1 & \boldsymbol{p}_1 \\ 0 & 0 & 0 & 1 \end{bmatrix}$$

实际机器人基坐标系 $O_c-x_cy_cz_c$ 到实测工件坐系 $P_1^{\circ}-x'y'z'$ 的转换矩阵为

$$T_2 = \begin{bmatrix} \boldsymbol{n}_2 & \boldsymbol{o}_2 & \boldsymbol{a}_2 & \boldsymbol{p}_2 \\ 0 & 0 & 0 & 1 \end{bmatrix}$$

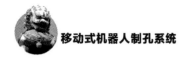

其中

$$\boldsymbol{p}_1 = \vec{P}_1 \qquad\qquad (6-3)$$

$$\boldsymbol{n}_1 = \frac{\vec{P}_2 - \vec{P}_1}{|\vec{P}_2 - \vec{P}_1|} \qquad\qquad (6-4)$$

$$\boldsymbol{a}_1 = \frac{(\vec{P}_2 - \vec{P}_1) \times (\vec{P}_3 - \vec{P}_1)}{|\vec{P}_2 - \vec{P}_1| \cdot |(\vec{P}_3 - \vec{P}_1)|} \qquad\qquad (6-5)$$

$$\boldsymbol{o}_1 = \boldsymbol{a}_1 \times \boldsymbol{n}_1 \qquad\qquad (6-6)$$

将 P_1 替换为 P_1°，P_2 替换为 P_2°，P_3 替换为 P_3°，得到 $\boldsymbol{T}_2$，则有

$$\boldsymbol{T}_{co} \cdot \boldsymbol{T}_2 = \boldsymbol{T}_1$$

因此有

$$\boldsymbol{T}_{co} = \boldsymbol{T}_1 \cdot \boldsymbol{T}_2^{-1} \qquad\qquad (6-7)$$

根据最小二乘法匹配两个点集 $\{P_1, P_2, P_3\}$ 和 $\{P_1^{\circ}, P_2^{\circ}, P_3^{\circ}\}$，可求出转换矩阵的最小二乘解。

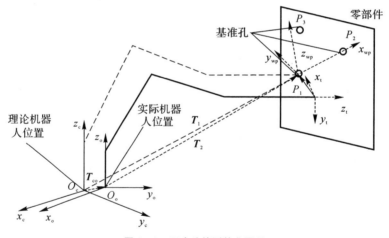

图 6-6　三点法检测基准原理

2.两点法基准检测原理

如图 6-7 所示，两点检测方法是：已知一点的实际位置 P_1° 和实际法向 A_1°、B_1°，理论位置 P_1 和理论法向 A_1、B_1，以及另外一点的实际位置 P_2° 和理论位置 P_2，求得转换矩阵。其原理如下：

以图 6-7 所示的方法建立工件坐标系：P_1 为原点，$P_1 P_2$ 代表的方向为 y 轴，以 P_1、P_2、P_3 确立的平面的法向量为 x 轴，z 轴由右手定则确定，$\boldsymbol{T}_1$、$\boldsymbol{T}_2$ 的定义同 6.3.1 节，则有

$$\boldsymbol{P}_1 = \vec{P}_1 \tag{6-8}$$

$$\boldsymbol{n}_1 = \begin{bmatrix} sB_1cC_1 & -sC_1 & cB_1cC_1 \end{bmatrix}^{\mathrm{T}} \tag{6-9}$$

$$\boldsymbol{o}_1 = \frac{\vec{P}_2 - \vec{P}_1}{|\vec{P}_2 - \vec{P}_1|} \tag{6-10}$$

$$\boldsymbol{a}_1 = \boldsymbol{n}_1 \times \boldsymbol{o}_1 \tag{6-11}$$

其中：B_1、C_1 为 zyx 欧拉角，可通过法向检测得到。

将 P_1 替换为 P_1°，P_2 替换为 P_2°，P_3 替换为 P_3°，得到 $\boldsymbol{T}_2$，则有

$$\boldsymbol{T}_{co} \cdot \boldsymbol{T}_2 = \boldsymbol{T}_1$$

因此有

$$\boldsymbol{T}_{co} = \boldsymbol{T}_1 \cdot \boldsymbol{T}_2^{-1}$$

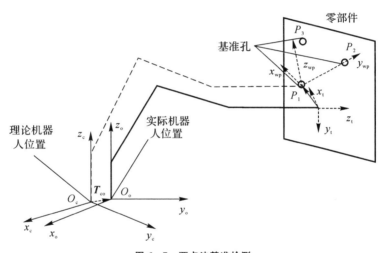

图 6-7 两点法基准检测

6.3.2 建立基坐标系

基坐标系又叫工件坐标系，基坐标系和工具坐标系相互配合对工件进行加工。而基坐标系默认为机器人底座坐标系 BASE[0]，也可以根据需要选用其他工件坐标系。如图 6-8 所示，当选择机器人实际底座坐标系 BASE[0] 为基坐标系时，定义相机坐标系 $x_py_pz_p$ 在底座坐标系中的一个坐标值 $POS_{Rp}(x, y, z, A, B, C)$ 的意义为：(x_{Rp}, y_{Rp}, z_{Rp}) 为点 POS_{Rp} 在机器人实际底座坐标系下的坐标点，而 A_{Rp}、B_{Rp}、C_{Rp} 分别代表从底座坐标系 $O_R - x_Ry_Rz_R$ 到当前相机坐标系 $x_py_pz_p$ 经过的欧拉变换。

图 6-8 所示的欧拉变换示意图,先是将底座坐标系 $O_R - x_R y_R z_R$ 平移到点 (x_{Rp}, y_{Rp}, z_{Rp}) 上生成坐标系 $x_1 y_1 z_1$;再绕 z_1 轴旋转角度 A_{Rp},生成坐标系 $x_2 y_2 z_2$;再绕 y_2 轴旋转角度 B_{Rp},生成坐标系 $x_3 y_3 z_3$;再绕 x_3 轴旋转角度 C_{Rp},得到相机坐标系 $x_p y_p z_p$。而两个坐标系的转换关系可以用齐次矩阵 T_{Rp} 表示:

$$T_{Rp} = \mathbf{Trans}(x, y, z) \cdot \mathbf{rot}(z, A) \cdot \mathbf{rot}(y, B) \cdot \mathbf{rot}(x, C) =$$

$$\begin{bmatrix} 1 & 0 & 0 & x \\ 0 & 1 & 0 & y \\ 0 & 0 & 1 & z \\ 0 & 0 & 0 & 1 \end{bmatrix} \cdot \begin{bmatrix} cA & -sA & 0 & 0 \\ sA & cA & 0 & 0 \\ 0 & 0 & 1 & 0 \\ 0 & 0 & 0 & 1 \end{bmatrix} \cdot$$

$$\begin{bmatrix} cB & 0 & sB & 0 \\ 0 & 1 & 0 & 0 \\ -sB & 0 & cB & 0 \\ 0 & 0 & 0 & 1 \end{bmatrix} \cdot \begin{bmatrix} 1 & 0 & 0 & 0 \\ 0 & cC & -sC & 0 \\ 0 & sC & cC & 0 \\ 0 & 0 & 0 & 1 \end{bmatrix} =$$

$$\begin{bmatrix} cAcB & cAsBsC - sAcC & cAsBcC + sAsC & x \\ sAcB & sAsBsC + cAcC & sAsBcC - cAsC & y \\ -sB & cBsC & cBcC & z \\ 0 & 0 & 0 & 1 \end{bmatrix} \tag{6-12}$$

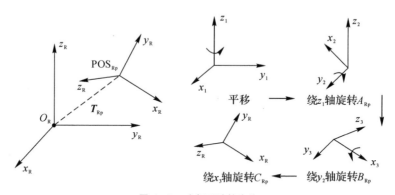

图 6-8　坐标系欧拉变换

由此可得到两基准孔处相机坐标系 $x_p y_p z_p$ 在机器人底座坐标系 $O_R - x_R y_R z_R$ 下的坐标 $P_{pj1}(x, y, z, A, B, C)$ 和 $P_{pj2}(x, y, z, A, B, C)$ 在机器人底座坐标系下的转换矩阵 T_{Rj1} 和 $T_{Rj2}(i = 1, 2)$:

$$T_{Rji} = \begin{bmatrix} \boldsymbol{n}_{Rji} & \boldsymbol{o}_{Rji} & \boldsymbol{a}_{Rji} & \mathbf{Trans}_{Rji} \\ 0 & 0 & 0 & 1 \end{bmatrix} \tag{6-13}$$

在建立基坐标系 $x_By_Bz_B$ 时,以基准孔的第一个孔坐标 $P_{j1}(x,y,z)$ 为原点,向量 $\overrightarrow{P_{j1}P_{j2}}$ 为基坐标系 $x_By_Bz_B$ 的 x_B 正方向。x_B 正方向叉乘当前相机坐标系 $x_py_pz_p$ 的 z_p 正方向得到基坐标系 $x_By_Bz_B$ 的 y_B 正方向。而基坐标系 $x_By_Bz_B$ 的 z_B 正方向由 x_B 正方向叉乘 y_B 正方向得到,则在机器人实际底坐标系 $O_R - x_Ry_Rz_R$ 下的基坐标系 $x_By_Bz_B$ 的位姿矩阵 $\boldsymbol{T}_{RB}$ 为

$$
\left.
\begin{aligned}
\boldsymbol{T}_{RB} &= \begin{bmatrix} \boldsymbol{n}_{RB} & \boldsymbol{o}_{RB} & \boldsymbol{a}_{RB} & \textbf{Trans}_{RB} \\ 0 & 0 & 0 & 1 \end{bmatrix} \\
\boldsymbol{n}_{RB} &= \left(\frac{\overrightarrow{P_{j1}P_{j2}}}{|\overrightarrow{P_{j1}P_{j2}}|} \right)' = \left(\frac{\overrightarrow{P_{j2}} - \overrightarrow{P_{j1}}}{|\overrightarrow{P_{j2}} - \overrightarrow{P_{j1}}|} \right)' \\
\boldsymbol{o}_{RB} &= \frac{\overrightarrow{x_B} \times \overrightarrow{z_p}}{|\overrightarrow{x_B} \times \overrightarrow{z_p}|} = \boldsymbol{n}_{RB} \times \boldsymbol{a}_{Rj1} \\
\boldsymbol{a}_{RB} &= \boldsymbol{n}_{RB} \times \boldsymbol{o}_{RB} \\
\textbf{Trans}_{RB} &= (x_{j1} \quad y_{j1} \quad z_{j1})'
\end{aligned}
\right\} \qquad (6-14)
$$

其中:$\boldsymbol{n}_{RB}$、$\boldsymbol{o}_{RB}$、$\boldsymbol{a}_{RB}$ 分别是基坐标系 $x_By_Bz_B$ 的 x_B 正方向、y_B 正方向和 z_B 正方向单位向量,$\textbf{Trans}_{RB}$ 是基坐标系的原点在机器人实际底座坐标系 $O_R - x_Ry_Rz_R$ 下的坐标值。而 $\boldsymbol{n}_{RT}$ 是当前末端的工具坐标系 $x_ty_tz_t$ 的 x_t 正方向在机器人实际底座坐标系 $O_R - x_Ry_Rz_R$ 下的单位向量。

当算法中在得到基坐标系 $x_By_Bz_B$ 的 y_B 正方向时,借助了相机坐标系 $x_py_pz_p$ 的 z_p 正方向,z_p 正方向是在机器人法向调平之后的方向,而法向调平不能够将末端制孔的刀具轴线调整到与工件表面完全垂直,此时,就会给基准检测的最终结果带来误差,为减小法向调平的系统误差对最终基准检测的结果的影响,可将 P_{pj1}、P_{pj2} 两点的工具坐标系的 z_p 正方向加权平均,则位姿矩阵 $\boldsymbol{T}_{RB}$ 中的 $\boldsymbol{o}_{RB}$ 即为

$$
\boldsymbol{o}_{RB} = \boldsymbol{n}_{RB} \times \left(\frac{\boldsymbol{a}_{Rj1} + \boldsymbol{a}_{Rj2}}{2} \right)
$$

在求出基坐标系 $x_By_Bz_B$ 在机器人底座坐标系 $O_R - x_Ry_Rz_R$ 下的齐次矩阵 $\boldsymbol{T}_{RB}$ 后,可反求出基坐标系的坐标值 $\text{Base}[i](x,y,z,A,B,C)$:

$$
\begin{cases}
\text{Base}[i](x) = \boldsymbol{T}_{RB}(1,4) \\
\text{Base}[i](y) = \boldsymbol{T}_{RB}(2,4) \\
\text{Base}[i](z) = \boldsymbol{T}_{RB}(3,4)
\end{cases}
$$

$$
\text{Base}[i](B) = (\text{atan2}(-\boldsymbol{T}_{RB}(3,1), \text{sqrt}(\boldsymbol{T}_{RB}(1,1)^2 + \boldsymbol{T}_{RB}(2,1)^2))) * \frac{180}{\pi}
$$

$$
(6-15)
$$

$$\text{Base}[i](A) = \left(\text{atan2}\left(\frac{\boldsymbol{T}_{\text{RB}}(2,1)}{\cos B}, \frac{\boldsymbol{T}_{\text{RB}}(1,1)}{\cos B}\right)\right) * \frac{180}{\pi} \qquad (6-16)$$

$$\text{Base}[i](C) = \left(\text{atan2}\left(\frac{\boldsymbol{T}_{\text{RB}}(3,2)}{\cos B}, \frac{\boldsymbol{T}_{\text{RB}}(3,3)}{\cos B}\right)\right) * \frac{180}{\pi} \qquad (6-17)$$

在求得基坐标系 $\text{Base}[i](x,y,z,A,B,C)$ 之后，机器人即可在基坐标系下按照离线程序进行制孔。

如图 6-9 所示，基准检测是在工件的零部件上预先制两个基准孔，作为制孔设备识别工件的基准，而在机器人末端上加上高精度工业相机，作为检测元件去识别基准孔的准确位置。当机器人进行基准检测时，借助于高精度工业相机和一个激光距离传感器，对两个基准孔进行准确定位，并调整机器人，将基准孔调整到相机坐标系 $x_{\text{p}}y_{\text{p}}z_{\text{p}}$ 的原点处，此时，基准孔在机器人实际底座坐标系 $O_{\text{R}}-x_{\text{R}}y_{\text{R}}z_{\text{R}}$ 下的坐标值即为当前相机坐标系 $x_{\text{p}}y_{\text{p}}z_{\text{p}}$ 的坐标 $P_{\text{pj1}}(x,y,z,A,B,C)$、$P_{\text{pj2}}(x,y,z,A,B,C)$，两基准孔的坐标值即为 $P_{\text{j1}}(x,y,z)$、$P_{\text{j2}}(x,y,z)$。

首先，将两点的坐标转换成机器人实际底座坐标系 $O_{\text{R}}-x_{\text{R}}y_{\text{R}}z_{\text{R}}$ 下的位姿矩阵 $\boldsymbol{T}_{\text{Rj1}}$、$\boldsymbol{T}_{\text{Rj2}}$；其次，以两个基准孔为基础建立在机器人实际底座坐标系 $O_{\text{R}}-x_{\text{R}}y_{\text{R}}z_{\text{R}}$ 下的基坐标系 $x_{\text{B}}y_{\text{B}}z_{\text{B}}$ 的位姿矩阵 $\boldsymbol{T}_{\text{RB}}$；最后，根据位姿矩阵和坐标系之间的转换，求得在当前机器人实际底座坐标系[默认为 $\text{BASE}[0](0,0,0,0,0,0)$]下基坐标系的坐标 $\text{Base}[i](x,y,z,A,B,C)$。

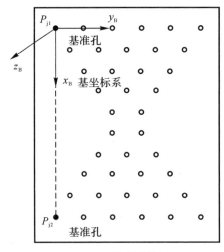

图 6-9 平面基准检测

1.平面工件的基准检测

在加工过程中，有一部分工件表面为平面，零部件的孔位在平面上无规律分布,如图 6-9 所示,预先制好两个孔为基准孔,P_{j1} 为第一个基准孔,P_{j2} 为第二个基准孔。在基准检测时,运行机器人程序,走到 P_{j1} 点,调整机器人,使得 P_{j1} 点所在位置的孔中心进入相机的视野中心,记录 P_{j1} 点处相机坐标系 $x_p y_p z_p$ 的坐标值 P_{pj1}。按照同样过程,准确识别并记录 P_{j2} 点处相机坐标系 $x_p y_p z_p$ 的坐标值 P_{pj2}。再以两点的坐标为基准建立基坐标系 $x_B y_B z_B$。

2.曲面工件的基准检测

而在实际应用中,曲面的工件更常见,更需要基准检测去识别工件的实际位置。在曲面工件上进行加工时,常见的是孔有规律地分布,孔的走向按一定的轨迹分布,而本节讨论的基准检测方法更适合对此种基准的识别。如图 6-10 所示的曲面工件基准检测,孔按竖直一字分布在曲面工件表面,可预先在工件上制两个基准孔,最好将两基准孔分布在一上一下,建立基坐标系 $x_B y_B z_B$。

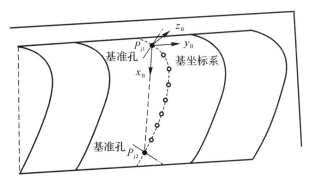

图 6-10　曲面工件基准检测

|6.4　基准检测技术现场实现|

6.4.1　基准测量系统的标定实验

机器人制孔设备在进行基准检测时,运行机器人基准检测程序,当机器人到第一个基准孔时,基准孔一定不在相机视野的中心,需要通过检测元件来检测基准孔在相机坐标系下的坐标,而相机只能识别基准孔的二维坐标,第三维坐标的识别就需要在末端执行器上加入激光距离传感器(以下简称为 z 向传感器)。

首先要标定相机坐标系和 z 向传感器的距离标准值 S_z 及安装角度 θ_z。相机坐标系的具体标定过程见第 4 章分析。如图 4-3 所示,在标定相机坐标系时,z 向传感器照射到标定板上时的距离即标准值 S_z,在标定相机坐标系时,要将 z 向传感器的标准值一并标定。如图 4-5 所示,z 向传感器的光线和相机中心轴线有夹角 θ_z,是为了让 z 向传感器的光点尽可能地接近基准孔,这样在曲面上做基准找正时,基准孔的坐标才能更精确。标定 θ_z 时,可在机器人在标定板上进行法向调平之后,可利用高度值 H_i 分别为 5 mm、10 mm、20 mm、30～100 mm 的标准量块压在标定板上,让 z 向传感器照射在标准量块上,分别记录 z 向传感器的距离读数 $S_1 \sim S_{11}$。求得每组的角度 θ_i,进行平均,得到 θ_z:

$$\theta_i = \arcsin\left(\frac{H_i}{S_i}\right)$$

$$\theta_z = \sum_{i=1}^{11} \frac{\theta_i}{11}$$

首先进行工业相机和激光位移传感器的位置标定。根据图 4-3 所示的标定板安装方法,得到利用 Insight Explorer 软件采集到的图像(见图 6-11)。在默认相机坐标系下的坐标见表 6-1。

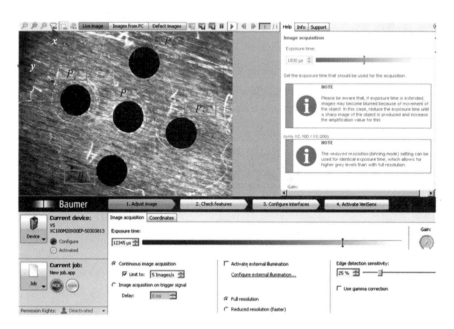

图 6-11　标定板图像

表 6-1　工业相机的位置标定原始数据　　　　　（单位：像素）

P_1	P_2	P_3	P_4	P_5
(872.5,594.5)	(437.25,344.5)	(1 120.5,158.25)	(623.5,1 028.5)	(1 307.25,842)

根据 5 个标定孔的距离：$d_{15}=d_{14}=d_{13}=d_{12}=$（10±0.01）mm，求得像素与距离的对应关系：1 mm＝50.11 像素。在将默认相机坐标系平移到视野中心点后，得到标定孔在相机坐标系下的坐标（见表 6-2）。

表 6-2　标定孔在相机坐标系下的坐标（位置标定）　　　（单位：mm）

P_1	P_2	P_3	P_4	P_5
(1.446 8, −0.109 8)	(−7.239 2, 5.098 8)	(6.396, −8.815 7)	(−3.522 3, 0.551 3)	(10.122 9, 4.829 4)

计算得到主轴孔在视觉坐标系下的坐标（单位：mm）为（−186.583 8，106.181 5）。

工业相机的方向标定方法是：如图 6-12 所示，将标定板固定于试验工装上，经过法向调平后，保证机器人刀具轴线垂直于试验工装，测量此时孔 P_1、P_2、P_3 在默认相机坐标系下的坐标（见表 6-3）。

图 6-12　工业相机的方向标定

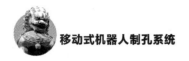

表 6 - 3　方向标定移动前数据　　　　　　　　（单位:像素）

	P_1	P_2	P_3
位置 1	(947.25,700.25)	(470.25,686.75)	(959,224.75)
位置 2	(1 350.75,878.25)	(847.75,866.25)	(1 365.5,375.5)

当放置标定板为位置 1 时,工具坐标系在机器人基坐标系下的位姿为 (1 354.51,−2 622.83,1 494.66,−90.08,−0.55,−1.57),当放置标定板为位置 2 时,工具坐标系在机器人基坐标系下的位姿为(1 545.86,−2 665.15,1 461.93, −89.4,0.3,−1.56),控制机器人沿工具坐标系的 +x 方向移动,重新测量孔 P_1、P_2、P_3 的坐标,结果见表 6 - 4。

表 6 - 4　方向标定移动后数据　　　　　　　　（单位:像素）

	P_1	P_2	P_3
位置 1	(949.75,915.5)	(473.5,902.5)	(961.25,439.25)
位置 2	(771.25,675.25)	(268.75,863.75)	(785.5,372.5)

当放置标定板为位置 1 时,移动后工具坐标系在机器人基坐标系下的位姿为(1 354.68,−2 622.78,1 499.15,−90.07,−0.55,−1.57),当放置标定板为位置 2 时,移动后工具坐标系在机器人基坐标系下的位姿为(1 534.36,−2 665.26, 1 462.24,−89.4,0.3,−1.56)。

根据标定板上标定孔 P_1、P_2、P_3 的相对位置关系,计算出位置 1 时和位置 2 时,像素与距离的对应关系分别是:1 mm = 47.741 像素,1 mm = 50.279 2 像素。

从表 6 - 5 可以看出,机器人移动距离为 4.493 mm 和 11.504 7 mm 时实际值和理论值误差均不超过 0.06 mm,视觉坐标系绕工具坐标系 z 方向的转角 θ 可以忽略不计。

表 6 - 5　移动前后坐标差

	P_1	P_2	P_3	机器人位移
位置 1	(0.052 4,4.508 7)	(0.057 6,4.519 1)	(0.047 1,4.493)	+x:4.493 mm
位置 2	(−11.532 0, −0.059 6)	(−11.522 1, −0.049 8)	(−11.542 0, −0.054 3)	+y:11.504 7 mm

激光位移传感器的标定方法是:利用法向调平功能使末端执行器刀具垂直于标定板,依次在标定板上垫不同高度的量块,获得 z 向传感器的读数(见表 6 - 6)。

表 6 - 6 z 向传感器标定读数

量块高度/mm	0	20	30	40	50	60	70
z 向传感器读数/mm	−60.4	−81.2	−91.6	−102	−112.4	−122.8	−133.2

容易求出,激光位移传感器与压力脚平面的线面角为 $a\sin(10/10.4)$。

当压力鼻前端面距离标定板的高度 $d = 45$ mm 时,传感器的读数为 $S_{z0} = -34.8$ mm。

至此,完成视觉测量坐标系的标定。

6.4.2 现场基准检测过程

1.基准检测

在移动式机器人移动到一个工位固定后,首先要进行基准检测,识别机器人设备和工件之间的实际位置关系。当机器人制孔时,运行的自动加工程序轨迹是依据理论的三维模型仿真得到的,在实际加工中,机器人和工件的实际相对位置与理论位置之间有一定存在着误差,这时就要利用末端制孔单元上的检测元件——单目视觉相机去识别工件上预先制好的两个基准孔,来检测当前两者的实际相对位置,以此来校正机器人的加工程序。基准检测程序中的机器人路径是在离线编程程序中规划生成的,当机器人运动到位,视觉相机拍到基准孔时,要调用机器人内部预先编好的子程序,使得机器人移动到基准孔在相机视野中心,同时末端执行单元刀具方向垂直于工件表面。

如图 6 - 13 所示,基准检测程序分为五个部分,第一部分通过相机检测基准孔的偏差并将孔调至相机视野中心;第二部分按相机和刀尖位置关系,将刀尖调至相机当前位置;第三部分在基准孔附近进行发现调平;第四部分将相机调至当前刀尖当前位置;第五部分重新检测基准孔在相机视野中心位置。如果结果超差,则重新循环以上部分,否则,跳出循环进行下一点的校正。

2.自动传送更新 Base 值

在加工过程中,每到一个新的工位,都需要通过基准检测来确定新的工件坐标系,并且在基准检测程序中,要将工位中的所有零件的工件坐标系检测出来,存储在中央控制器中,在自动加工之前将检测出来所有的工件坐标系传送到机器人控制器中,更新要用到的工件坐标系,为之后的自动加工做准备。在自动传送更新 Base 值程序时,机器人控制器中通过 Cell 程序调用自动传送 base 值的程序。

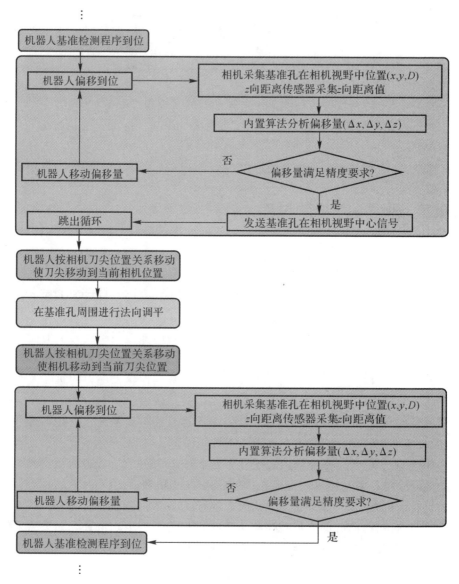

图 6-13　基准检测程序设计

在机器人的控制器中,最多能设置 32 个 base 值。自动传送 base 值的程序中,利用系统变量＄BASE_DATE[1]来根据需要改写机器人控制器中＄BASE[1]的值,同样的,利用系统变量＄BASE_DATE[i]来改写机器人控制器中＄BASE[i]的值,根据需要预先设定＄BASE[1]～＄BASE[20]来保存基准检测更新的 base 值。同时,要预先使机器人控制器和中央控制器双方约定好,设置一定数量的通信端口为传送 base 值做准备。在传送 base 值时,程序中设置循环,通过同样的通信端口按顺序依次传到机器人控制器中。

对不同的工位,零件的数量不同,建立的 base 值的数量也不同,给机器人传送 base 值时,按顺序传送 base 值,数量不够 20 个,剩下的 base 全部更新为 0,防止对之后的加工程序造成影响。在加工过程中,调用自动加工程序之前,必须要自动更新 base 值,若不更新机器人控制器的 base 值,则选取的加工程序不执行,并在人机界面上进行提示,以保证设备的安全运行。

|6.5 实 验 验 证|

6.5.1 基准检测实验验证

在验证基准检测实验时,借助如图 6 - 14 的验证板来完成实验,验证板共有10 个孔,孔径 $\phi6$ mm。实验方法如下:

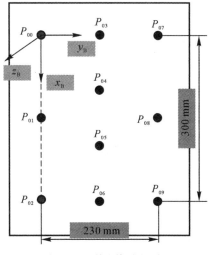

图 6 - 14 基准检测验证板

(1)如图 6-14 所示,将验证板用压板固定在工作台上,用激光跟踪仪打出 10 个孔的位置关系,见表 6-7。

表 6-7　激光跟踪仪坐标系下的点位信息

点位信息	x/mm	y/mm	z/mm
P_{00}	1 619.673 95	−523.920 593	325.606 812
P_{01}	1 653.938 452	−508.895 161 4	471.291 696
P_{02}	1 690.390 121	−493.084 835 6	615.802 867 4
P_{03}	1 532.843 263	−449.908 898 6	338.437 499
P_{04}	1 556.903 353	−439.397 204 1	435.830 922 5
P_{05}	1 581.028 571	−430.189 088 4	531.754 102 5
P_{06}	1 602.205 237	−418.612 814 7	630.029 624 3
P_{07}	1 445.125 843	−376.251 28	353.428 423 2
P_{08}	1 480.413 759	−360.694 469 5	498.563 491 7
P_{09}	1 515.364 689	−345.820 333 3	642.117 983 5

(2)用激光跟踪仪打出验证板平面,得到 10 个孔在验证板平面的投影点,并按照图 6-14 中,验证板上建立基坐标系 $x_B y_B z_B$ 的方式,以 P_{00} 点为原点,以 $\overrightarrow{P_{00}P_{02}}$ 向量为 x_B 正方向,在以 $\overrightarrow{P_{00}P_{02}}$ 向量叉乘 $\overrightarrow{P_{00}P_{07}}$,得到 z_B 正方向,再用 z_B 正方向叉乘 x_B 正方向得到 y_B 正方向。在激光坐标系中,按照相同的方式,建立坐标系,并得到所有的孔在坐标系中的坐标,见表 6-8。

表 6-8　验证板坐标系下的点位信息

点位信息	x/mm	y/mm
P_{00}	0	0
P_{01}	150.407 1	0.647
P_{02}	300.275 5	0
P_{03}	−0.448 6	114.810 8
P_{04}	100.421 3	114.667 1
P_{05}	199.751 8	113.467

续 表

点位信息	x/mm	y/mm
P_{06}	300.904 4	116.296 5
P_{07}	0.945 3	230.32
P_{08}	151.116 6	230.466 6
P_{09}	299.610 9	230.246 8

（3）以 P_{00} 和 P_{02} 为基准孔，机器人运行程序进行基准检测。再按照表 6-8 中的点位信息编写程序，以基准检测的结果基坐标系 $x_B y_B z_B$ 为工件坐标系 BASE[1]，以相机坐标系 $x_p y_p z_p$ 为工具坐标系 TOOL[2]，运行程序，记录每个孔在相机视野中的参数坐标值和孔直径 (x,y,D_k) 和 z 向传感器距离值 S_k。如果基准检测检测的结果准确，每个孔应该都在相机的视野中心，坐标值为(800, 600)，z 向传感器为距离标准值 S_z(186.90 mm)。多次改变验证板的空间位置，做基准检测，并运行程序。部分实验结果原数据见表 6-9。

表 6-9 验证板的原始坐标值

	点位信息	$x/$像素点	$y/$像素点	$D_k/$像素点	S_k/mm
	P_{00}	800.75	600.50	534.00	186.941 03
	P_{01}	801.25	602.00	533.00	186.932 90
	P_{02}	800.25	599.75	533.25	186.954 06
	P_{03}	801.50	600.75	533.50	186.921 49
	P_{04}	801.75	601.25	533.75	186.956 63
第一组	P_{05}	801.25	599.25	533.50	186.950 31
	P_{06}	802.25	602.25	534.00	186.941 17
	P_{07}	801.50	600.75	533.75	186.904 12
	P_{08}	799.50	601.50	532.75	186.969 99
	P_{09}	800.75	599.50	533.00	186.955 89

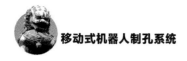

续　表

点位信息	x/像素点	y/像素点	D_k/像素点	S_k/mm
P_{22}	800.25	600.75	534.00	186.904 99
P_{01}	802.25	598.75	533.00	186.944 01
P_{02}	799.00	600.00	533.25	186.929 88
P_{03}	801.50	602.00	533.75	186.925 55
第二组　P_{04}	799.00	601.75	533.00	186.956 67
P_{05}	798.25	602.25	534.00	186.903 68
P_{06}	801.25	601.75	534.25	186.922 52
P_{07}	801.00	599.25	534.50	186.963 06
P_{08}	798.75	598.25	533.00	186.902 34
P_{09}	802.50	598.75	534.00	186.914 31
P_{00}	800.75	600.75	533.00	186.935 61
P_{01}	802.00	601.25	534.25	186.914 55
P_{02}	801.00	601.00	534.75	186.957 54
P_{03}	799.00	599.25	534.50	186.929 38
第三组　P_{04}	798.75	598.25	533.25	186.957 18
P_{05}	798.00	598.75	534.00	186.964 49
P_{06}	797.75	598.00	534.75	186.947 66
P_{07}	797.25	601.25	534.00	186.964 33
P_{08}	802.00	601.00	534.75	186.942 23
P_{09}	801.00	602.25	534.00	186.906 21

6.5.2　实验结果分析

根据表 6-9 的结果,分析基准检测的误差结果(见表 6-10),在设定基准检测的程序时,相机视野中的允许误差范围为 x 方向、y 方向各 ± 3 个像素点,z 向传感器的允许误差范围为 ± 0.07 mm，由此可计算出基准检测的系统误差为 0.084 7 mm。而基准检测的实验过程中会引入激光跟踪仪的检测误差、机器人的空间定位误差和人为因素等。由表6-10可以看出，基准检测实验的误差结果不超过 ± 0.1 mm，符合制孔要求。

表 6 - 10   基准检测误差结果

	点位信息	Δx/mm	Δy/mm	Δz/mm	ΔL/mm
第一组	P_{00}	0.008 44	0.005 62	0.041 03	0.042 26
	P_{01}	0.014 06	0.022 50	0.032 90	0.042 26
	P_{02}	0.002 81	−0.002 81	0.054 06	0.054 20
	P_{03}	0.016 87	0.008 44	0.021 49	0.028 60
	P_{04}	0.019 68	0.014 06	0.056 63	0.061 58
	P_{05}	0.014 06	−0.008 44	0.050 31	0.052 92
	P_{06}	0.025 31	0.025 31	0.041 17	0.054 55
	P_{07}	0.016 87	0.008 44	0.004 12	0.019 31
	P_{08}	−0.005 62	0.016 87	0.069 99	0.072 21
	P_{09}	0.008 44	−0.005 62	0.055 89	0.056 80
第二组	P_{00}	0.002 81	0.008 44	0.004 99	0.010 20
	P_{01}	0.025 31	−0.014 06	0.044 01	0.052 68
	P_{02}	−0.011 25	0.000 00	0.029 88	0.031 93
	P_{03}	0.016 87	0.022 50	0.025 55	0.037 99
	P_{04}	−0.011 25	0.019 68	0.056 67	0.061 04
	P_{05}	−0.019 68	0.025 31	0.003 68	0.032 27
	P_{06}	0.014 06	0.019 68	0.022 52	0.033 05
	P_{07}	0.011 25	−0.008 44	0.063 06	0.064 61
	P_{08}	−0.014 06	−0.019 68	0.002 34	0.024 30
	P_{09}	0.028 12	−0.014 06	0.014 31	0.034 54

续　表

	点位信息	$\Delta x/\text{mm}$	$\Delta y/\text{mm}$	$\Delta z/\text{mm}$	$\Delta L/\text{mm}$
	P_{00}	0.008 44	0.008 44	0.035 61	0.037 56
	P_{01}	0.022 50	0.014 06	0.014 55	0.030 25
	P_{02}	0.011 25	0.011 25	0.057 54	0.059 70
	P_{03}	−0.011 25	−0.008 44	0.029 38	0.032 57
第三组	P_{04}	−0.014 06	−0.019 68	0.057 18	0.062 08
	P_{05}	−0.022 50	−0.014 06	0.064 49	0.069 73
	P_{06}	−0.025 31	−0.022 50	0.047 66	0.058 46
	P_{07}	−0.030 93	0.014 06	0.064 33	0.072 75
	P_{08}	0.022 50	0.011 25	0.042 23	0.049 15
	P_{09}	0.011 25	0.025 31	0.006 21	0.028 38

图 6-15 所示为基准检测误差分析,误差集中分布在 $-0.03\ \text{mm}<\Delta x<0.03\ \text{mm}$、$-0.04\ \text{mm}<\Delta y<0.04\ \text{mm}$、$\Delta z<0.06\ \text{mm}$ 的立方体内,误差结果符合技术要求。

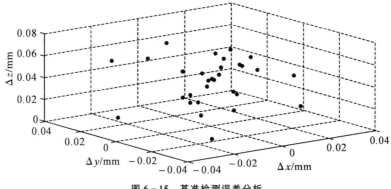

图 6-15　基准检测误差分析

第 7 章

制孔机器人精度补偿技术

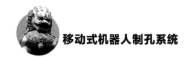

将工业机器人引入自动制孔系统可以解决传统自动制孔设备工作空间偏小、可达性差等技术问题。然而,工业机器人作为移动机器人制孔系统主要的定位机构,孔位精度指标(±0.5 mm 以内)对其绝对定位精度提出了更高的要求。国外机器人制孔系统位置精度在 ±0.2 mm 以内,而中国欲在飞机装配领域推广机器人制孔技术,就必须解决机器人定位精度这一关键问题。

标定技术对机器人的绝对定位精度具有重大的意义。标定就是应用先进的测量手段和基于模型的参数识别方法辨识出制孔机器人模型的准确参数,从而提高机器人的绝对精度,是建模、测量、参数识别、补偿等几个步骤的集成过程。

参数识别是工业机器人标定的重要环节。根据识别参数类型的不同,工业机器人的标定可分为几何参数标定和非几何参数标定两种类型。影响工业机器人自身定位精度的几何因素有装配和制造过程造成的结构参数误差、零位偏差和具体应用(如末端执行器安装)产生的误差等。非几何因素有环境因素(如温度)、动力学参数、刚度和其他非线性因素、反向间隙等。研究工业机器人标定技术的传统方法多局限于研究单一因素对机器人位姿的影响,而忽略了其他多种因素对工业机器人位姿精度的耦合作用。基于以上分析,并考虑多种因素对工业机器人位姿精度的耦合作用,本章拟将结构参数误差和机器人负载产生的关节变形综合考虑,建立一种更贴近实际的误差识别模型。

|7.1 制孔机器人运动学|

研究工业机器人的精度补偿,运动学是其最根本、最基础的知识,是误差识别模型建立的基础。

机器人的正向运动学即根据各个连杆的结构参数和各旋转副的运动矢量,求出固联与末端执行器(工具)的工具坐标系在基坐标系下的位置和姿态。工业机器人的逆向运动学即根据已知的工具坐标系相对于参考坐标系的位姿以及各杆件的结构参数,反求机器人各旋转副的运动矢量,本节的工具坐标系指法兰坐标系。

移动机器人制孔系统选用德国 KUKA 公司的 KR500-3 型机器人,其主要技术参数见表 7-1。KR500-3 型机器人采用工业机器人最典型的形式——一系列连杆串联构成的空间连杆开式机构。利用经典的 DH 法对其进行运动学建模,得到如图 7-1 所示的运动学模型,表 7-1 为根据 KUKA 公司提供的技术资料得到的理论 DH 参数。

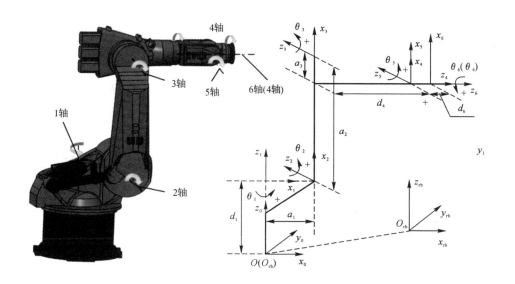

图 7-1 制孔机器人三维模型及其运动学模型

表 7-1 理论机器人 DH 参数

连杆 i	关节转角 $\theta_i/(°)$	关节距离 d_i/mm	关节偏置 a_{i-1}/mm	关节扭角 $\partial_{i-1}/(°)$	角度范围 $\theta_i/(°)$
1	0	—	0	0	$-185 \sim 185$
2	-90	0	500	-90	—
3	0	0	1 300	0	—
4	0	—	-55	-90	—
5	0	0	0	90	—
6	0	—	0	-90	—

机器人运动方程通常用 Denavit - Hartenberg(D - H)连接变换齐次坐标来表示。第 $i-1$ 个连杆和第 i 个连杆的变换矩阵为

$$
{}_i^{i-1}\boldsymbol{T} = \begin{bmatrix} c\theta_i & -s\theta_i & 0 & a_{i-1} \\ s\theta_i c\alpha_{i-1} & c\theta_i c\alpha_{i-1} & -s\alpha_{i-1} & -s\alpha_{i-1} d_i \\ s\theta_i s\alpha_{i-1} & c\theta_i s\alpha_{i-1} & c\alpha_{i-1} & c\alpha_{i-1} d_i \\ 0 & 0 & 0 & 1 \end{bmatrix}
$$

将表 7-1 列出的机器人 D - H 参数代入上述变换矩阵中,可以得到机器人相邻连杆的连杆变换为

$$
\boldsymbol{A}_1 = \begin{bmatrix} c_1 & -s_1 & 0 & 0 \\ s_1 & c_1 & 0 & 0 \\ 0 & 0 & 1 & d_1 \\ 0 & 0 & 0 & 1 \end{bmatrix}, \boldsymbol{A}_2 = \begin{bmatrix} c_2 & -s_2 & 0 & a_1 \\ 0 & 0 & 1 & 0 \\ -s_2 & -c_2 & 0 & 0 \\ 0 & 0 & 0 & 1 \end{bmatrix}
$$

$$
\boldsymbol{A}_3 = \begin{bmatrix} c_3 & -s_3 & 0 & a_2 \\ s_3 & c_3 & 0 & 0 \\ 0 & 0 & 1 & 0 \\ 0 & 0 & 0 & 1 \end{bmatrix}, \boldsymbol{A}_4 = \begin{bmatrix} c_4 & -s_4 & 0 & a_3 \\ 0 & 0 & 1 & d_4 \\ -s_4 & -c_4 & 0 & 0 \\ 0 & 0 & 0 & 1 \end{bmatrix}
$$

$$
\boldsymbol{A}_5 = \begin{bmatrix} c_5 & -s_5 & 0 & 0 \\ 0 & 0 & -1 & 0 \\ s_5 & c_5 & 0 & 0 \\ 0 & 0 & 0 & 1 \end{bmatrix}, \boldsymbol{A}_6 = \begin{bmatrix} c_6 & -s_6 & 0 & 0 \\ 0 & 0 & 1 & d_6 \\ -s_6 & -c_6 & 0 & 0 \\ 0 & 0 & 0 & 1 \end{bmatrix}
$$

7.1.1 制孔机器人正向运动学

假设末端坐标系在机器人基坐标系下的位置和姿态为

$$\boldsymbol{A}_e = \begin{bmatrix} n_x & o_x & a_x & p_x \\ n_y & o_y & a_y & p_y \\ n_z & o_z & a_z & p_z \\ 0 & 0 & 0 & 1 \end{bmatrix}$$

对于串联机器人,机器人末端坐标系(法兰坐标系)与基坐标系的关系就可以用相邻连杆的变换矩阵表示为

$$\boldsymbol{A}_1 \cdot \boldsymbol{A}_2 \cdots \boldsymbol{A}_6 = \boldsymbol{A}_e \tag{7-1}$$

则可得

$$p_x = c_1(a_3 c_{23} - d_4 s_{23} + a_1 + a_2 c_2) \tag{7-2}$$

$$p_y = s_1(a_3 c_{23} - d_4 s_{23} + a_1 + a_2 c_2) \tag{7-3}$$

$$p_z = -a_3 s_{23} - d_4 c_{23} - a_2 s_2 \tag{7-4}$$

$$n_x = c_1[c_{23}(c_4 c_5 c_6 - s_4 s_6) - s_{23} s_5 c_6] + s_1(s_4 c_5 c_6 + c_4 s_6) \tag{7-5}$$

$$n_y = s_1[c_{23}(c_4 c_5 c_6 - s_4 s_6) - s_{23} s_5 c_6] - c_1(s_4 c_5 c_6 + c_4 s_6) \tag{7-6}$$

$$n_z = -s_{23}(c_4 c_5 c_6 - s_4 s_6) - c_{23} s_5 c_6 \tag{7-7}$$

$$o_x = c_1[c_{23}(-c_4 c_5 c_6 - s_4 c_6) + s_{23} s_5 s_6] + s_1(c_4 c_6 - s_4 c_5 s_6) \tag{7-8}$$

$$o_y = s_1[c_{23}(-c_4 c_5 c_6 - s_4 c_6) + s_{23} s_5 s_6] - c_1(c_4 c_6 - s_4 c_5 s_6) \tag{7-9}$$

$$o_z = s_{23}(c_4 c_5 s_6 + s_4 c_6) + c_{23} s_5 s_6 \tag{7-10}$$

$$a_x = -c_1(c_{23} c_4 s_5 + s_{23} c_5) - s_1 s_4 s_5 \tag{7-11}$$

$$a_y = -s_1(c_{23} c_4 s_5 + s_{23} c_5) + c_1 s_4 s_5 \tag{7-12}$$

$$a_z = s_{23} c_4 s_5 - c_{23} c_5 \tag{7-13}$$

若 $d_1 \neq 0, d_6 \neq 0$,则最终的位置向量(姿态不变)为

$$p_x = a_x d_6 + p_x, \quad p_y = a_y d_6 + p_y, \quad p_z = a_z d_6 + p_z + d_1 \tag{7-14}$$

本节取 4 组数据(见表 7-2)校验正向运动学的正确性。由于本节和制孔机器人自身的 D-H 坐标系的定义方法不同,需要将两者坐标统一。设 θr_1、θr_2、θr_3、θr_4、θr_5、θr_6 为制孔机器人基坐标系的 D-H 坐标,θ_1、θ_2、θ_3、θ_4、θ_5、θ_6 为本节中定义的 D-H 坐标,根据两者关节轴方向以及零位的关系,得出如下关系:$\theta_1 = -\theta r_1$、$\theta_2 = \theta r_2$、$\theta_3 = \theta r_3 - \pi/2$、$\theta_4 = -\theta r_4$、$\theta_5 = \theta r_5$、$\theta_6 = -\theta r_6$。在进行正逆运动学计算前,首先将示教器提供的关节角换算成与本节对应的 D-H 坐标,为叙述方便,下面提到的 D-H 坐标均为换算后的坐标。表 7-3 为利用式(7-2)~式(7-14)计算的校验点的位姿与示教器读数的对比,从表中可以看出,计算结

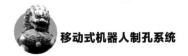

果与示教器的读数差别在 0.2 mm 附近,表明正向运动学是正确的。

表 7 - 2　校验点的 D - H 坐标

$\theta_1/(°)$	$\theta_2/(°)$	$\theta_3/(°)$	$\theta_4/(°)$	$\theta_5/(°)$	$\theta_6/(°)$
32.95(−32.95)	−123.64	116.82(26.82)	37.91(−37.91)	67.41	73.91(−73.91)
13.11(−13.11)	−129.49	119.7(29.7)	14.36(−14.36)	89.23	29.35(−29.35)
26.81(−26.81)	−126.7	117.23(27.23)	30.06(−30.06)	77.21	61.9(−61.9)
1.48(−1.48)	−128.03	123.10(33.10)	−0.68(0.68)	97.92	−0.85(0.85)

备注:括号内坐标与本节 D - H 坐标系对应。

表 7 - 3　校验结果

计算位姿	示教器读数
$[x/\text{mm}, y/\text{mm}, z/\text{mm}, A/(°), B/(°), C/(°)]$	$[x/\text{mm}, y/\text{mm}, z/\text{mm}, A/(°), B/(°), C/(°)]$
(907.46, −784.23, 2 025.57, −143.83, −28.19, −140.25)	(907.36, −784.59, 2 025.27, −146.83, −28.05, −140.41)
(948.53, −294.75, 1 932.69, −164.55, 2.27, −162.37)	(948.52, −295, 1 932.96, −164.63, 2.31, −162.45)
(911.94, −619.57, 2 009.97, −148.87, −15.74, −145.80)	(911.83, −619.85, 2 009.94, −148.9, −15.64, −145.95)
(1 009.26, −22.64, 1 833.96, −182.36, 6.99, 179.21)	(1 009.14, −22.74, 1 833.94, 182.58, 6.998, 179.21)

7.1.2　制孔机器人逆运动学

由于 $d_1 \neq 0, d_6 \neq 0$,所以在逆解前应先进行如下变量替换:
$$p_x = -a_x d_6 + p_x, \quad p_y = -a_y d_6 + p_y, \quad p_z = -a_z d_6 + p_z - d_1$$
根据机器人逆运动求解方法,容易求得

$$\theta_1 = a\tan2(p_y, p_x) \text{ 或 } \theta_1 = a\tan2(p_y, p_x) - \pi \qquad (7-15)$$

$$\theta_3 = a\tan2(a_3, d_4) - a\tan2(k, \pm\sqrt{a_3^2 + d_4^2 - k^2}) \qquad (7-16)$$

其中

$$k = \frac{p_x^2 + p_y^2 + p_z^2 + a_1^2 - 2a_1(s_1 p_y + c_1 p_x) - a_2^2 - a_3^2 - d_4^2}{2a_2}$$

$$\theta_2 = a\tan2(s_{23}, c_{23}) - \theta_3 \qquad (7-17)$$

其中

$$s_{23} = \frac{(-a_3 - a_2 c_3)p_z + (s_1 p_y + c_1 p_x - a_1)(a_2 s_3 - d_4)}{p_z^2 + (s_1 p_y + c_1 p_x - a_1)^2}$$

$$c_{23} = \frac{(-d_4 + a_2 s_3)p_z + (s_1 p_y + c_1 p_x - a_1)(a_2 c_3 + a_3)}{p_z^2 + (s_1 p_y + c_1 p_x - a_1)^2}$$

$$\theta_4(1) = a\tan2(-s_1 a_x + c_1 a_y, -c_1 c_{23} a_x - s_1 c_{23} a_y + s_{23} a_z) \qquad (7-18)$$

$$\theta_4(2) = \theta_4(1) + \pi \qquad (7-19)$$

$$\theta_5 = a\tan2(s_5, c_5) \qquad (7-20)$$

其中

$$\left.\begin{array}{l}s_5 = -(c_1 c_{23} c_4 + s_1 s_4)a_x - (s_1 c_{23} c_4 - c_1 s_4)a_y + s_{23} c_4 a_z \\ c_5 = -c_1 s_{23} a_x - s_1 s_{23} a_y - c_{23} a_z \\ \theta_6 = a\tan2(s_6, c_6)\end{array}\right\} \qquad (7-21)$$

其中

$$s_6 = -(c_1 c_{23} s_4 - s_1 c_4)n_x - (s_1 c_{23} s_4 + c_1 c_4)n_y + s_{23} s_4 n_z$$

$$c_6 = [c_5(c_1 c_{23} c_4 + s_1 s_4) - s_5 c_1 s_{23}]n_x +$$

$$[c_5(s_1 c_{23} c_4 - c_1 s_4) - s_5 s_1 s_{23}]n_y - (s_{23} c_4 c_5 + c_{23} s_5)n_z$$

已知法兰坐标系在机器人基坐标系下的位置和姿态,可以获得 8 组逆解结果。现验证式(7-15)～式(7-21)。取一组位姿[911.83, -619.85, 2 009.94, -148.9, -15.64, -145.95],将其转换成矩阵的形式,即

$$\begin{bmatrix} 0.824\,6 & 0.557\,2 & 0.098\,0 & 911.83 \\ 0.497\,4 & -0.631\,5 & -0.594\,8 & -619.85 \\ -0.269\,6 & 0.539\,2 & -0.797\,9 & 2\,009.94 \\ 0 & 0 & 0 & 1 \end{bmatrix}$$

其对应的 D - H 坐标(换算后)为[-26.81, -126.72, 7.23, -30.06, 77.21, -61.9]。表 7 - 4 为根据上述公式逆解得到的 8 组解。

表 7 - 4 逆解校验结果

	$\theta_1/(°)$	$\theta_2/(°)$	$\theta_3/(°)$	$\theta_4/(°)$	$\theta_5/(°)$	$\theta_6/(°)$
1	-26.86	-127.84	29.62	-30.99	76.34	-61.56
2	-26.86	-127.84	29.62	149.01	-76.34	118.44
3	-26.86	-10	150.28	-116.67	148.02	170.79
4	-26.86	-10	150.28	63.33	-148.02	158.58

续 表

	$\theta_1/(°)$	$\theta_2/(°)$	$\theta_3/(°)$	$\theta_4/(°)$	$\theta_5/(°)$	$\theta_6/(°)$
5	−206.86	176.01	−5.89	134.52	136.18	105.66
6	−206.86	176.01	−5.89	−45.48	−136.18	74.34
7	−206.86	259.20	−174.19	148	64.789	−53.93
8	−206.86	259.20	−174.19	−32	−64.789	126.07

其中,第 1 组接近于理论值,验证了逆运动学方程的正确性。

7.2 机器人误差识别模型参数的确立

如本章开头所述,工业机器人的位姿误差是由多种几何、非几何因素综合作用的结果。如机器人工作时末端安装末端执行器,其重力将会造成关节变形和连杆变形;在某些作业任务中,机器人需要与作业对象直接接触,如加工、搬运、钻孔等。无论是哪种情况,都需要考虑外部负载(包括末端执行器的重力和作业中的接触力)所引起的连杆变形和关节变形。对于大部分机器人,关节变形是主要的部分,因此将机器人抽象成刚性连杆柔性关节,即不考虑外载荷引起的连杆挠度。

本节根据机器人实际定位精度的需要,将误差具体分为两个方面:①制孔机器人定位、末端执行器以及制孔机器人自身 D-H 参数引起的误差。②变形。连杆柔性和关节柔性能够引起机器人结构元件的弹性变形,导致机器人末端定位误差。

传统的 MDH 模型不考虑由关节刚度引起的误差或者忽略结构误差,而是仅考虑识别关节刚度,本节拟将两者结合,建立更符合实际情况的误差模型。

7.2.1 结构参数误差

结构参数误差指表 7-1 中各参数实际值与理论值的偏差。根据实际情况,本节将详细分析并确定结构参数列表。

1.机器人基坐标系构造误差

如图 7-2 所示,测量机器人的定位偏差时,应首先利用激光跟踪仪构造机器人基坐标系($O-x_{ogv}y_{ogv}z_{ogv}$,以下简称为基坐标系),使其与实际机器人基坐标系($O-x_r y_r z_r$)尽量接近重合,并希望所测法兰盘中心点位置即为其在实际机器人基坐标系中的实际位置。然而,这两个坐标系要做到完全重合是不可能的,它们重合的程度取决于机器人自身定位精度和测量精度两个方面。

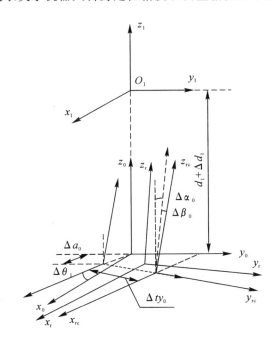

图 7-2 制孔机器人坐标系构造误差示意图

为简化模型,本节将基坐标系的构建偏差与固联于机器人 1 轴的坐标系($O-x_1 y_1 z_1$)偏差合二为一。简化过程如下:基坐标系到实际机器人基坐标系的误差变换用 ΔT_{ar} 表示,实际机器人基坐标系到固定于机器人 1 轴的坐标系误差变换用 ΔT_{r1} 表示。笔者认为基坐标系和实际的机器人基坐标系重合,因此当希望固联于机器人 1 轴的坐标系 $O_1 - x_1 y_1 z_1$ 在基坐标系下的姿态为 T_c 时,其实际到达的位姿(基坐标系下)将为

$$T_r = \Delta T_{ar} \cdot \Delta T_{r1} \cdot T_c$$

因此,有

$$\Delta T_{a1} = \Delta T_{ar} \cdot \Delta T_{r1} = \mathbf{trans}(y_0, \Delta t y_0) \cdot \mathbf{rot}(y_{agv}, \Delta\beta_0) \cdot \Delta T_{r1} \quad (7-22)$$

其中

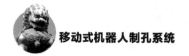

$$\Delta T_{r1} = \mathbf{rot}(x, \Delta\alpha_0) \cdot \mathbf{trans}(x, \Delta a_0) \cdot \mathbf{rot}(z, \Delta\theta_1) \cdot \mathbf{trans}(z, \Delta d_1)$$

$$(7-23)$$

用 6 个参数来描述为：$(\Delta t y_0, \Delta\beta_0, \Delta\alpha_0, \Delta a_0, \Delta\theta_1, \Delta d_1)$。

其中：$\Delta t y_0$ 表示基坐标和实际机器人基坐标系在基坐标的 y_0 方向的偏差；$\Delta\beta_0$ 表示 z_{agv} 和 z_1 绕 z_{agv} 方向的角度偏差；其余 4 个参数按照 D - H 参数的规则来定义。

2.机器人 2 轴和 3 轴误差分析

由于机器人的 2 轴和 3 轴公称平行，所以传统的 D - H 模型已经不适用，须引入绕 y 方向的扭角 β。图 7 - 3 所示为制孔机器人 2 轴和 3 轴误差示意图，2 轴和 3 轴公称平行，由于安装等因素造成的误差，导致 2 轴和 3 轴有微小的夹角 $\Delta\beta_2$，即 2 轴和 3 轴在绕 y_2 方向（按照右手定则确定方向）的夹角，用 $\Delta\beta_2$ 代替 Δd_2 描述此偏差，即 $\Delta d_2 = 0$；$\Delta\theta_3$ 为 x_2 和 x_3 在绕 z_3 方向的夹角；Δa_2 为 z_2 和 z_3 沿 x_2 方向的偏差；$\Delta\alpha_2$ 为 z_2 和 z_3 绕 x_2 轴的偏差。

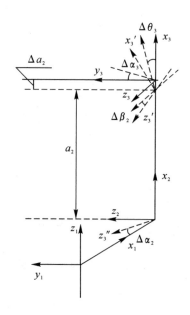

图 7 - 3　制孔机器人 2 轴和 3 轴误差示意图

根据以上分析，确立了制孔机器人误差参数列表（见表 7 - 5）。

表 7 - 5　　制孔机器人误差参数列表

连杆 i		$\theta_i/(°)$	d_i/mm	a_{i-1}/mm	$\alpha_{i-1}/(°)$	$\Delta\beta/(°)$
机器人自身参数	1	$\theta_1 + \Delta\theta_{p1} + \Delta\theta_{s1}$	$d_1 + \Delta d_1$	Δa_0	$\Delta\partial_0$	0
	2	$\theta_2 + \Delta\theta_{p2} + \Delta\theta_{s2}$	0	$a_1 + \Delta a_1$	$\Delta\partial_1 - 90°$	$\Delta\beta_2$
	3	$\theta_3 + \Delta\theta_{p3} + \Delta\theta_{s3}$	Δd_3	$a_2 + \Delta a_2$	$\Delta\partial_2$	0
	4	$\theta_4 + \Delta\theta_{p4} + \Delta\theta_{s4}$	$d_4 + \Delta d_4$	Δa_3	$\Delta\partial_3 - 90°$	0
	5	$\theta_5 + \Delta\theta_{p5} + \Delta\theta_{s5}$	Δd_5	Δa_4	$\Delta\partial_4 + 90°$	0
	6	$\theta_6 + \Delta\theta_6(\Delta A、\Delta\theta_{6s})$	$d_6 + \Delta d_6(\Delta td_z)$	Δa_5	$\Delta\partial_5 - 90°$	0
工具坐标系		$td_x + \Delta td_x$	$td_y + \Delta td_y$	$A + \Delta A$	—	—
定位偏差		Δty_0	—	—	—	$\Delta\beta_0$

7.2.2　关节刚度参数

当机器人附加末端执行器等外部负载时,由于驱动系统和传动系统刚度不足,会引起关节角位置的改变,从而对机器人的定位精度产生较大影响。本节在结构参数识别模型中引入关节变形引发的关节角度误差,将每个关节视为一个弹性扭簧,扭簧系数等同于常量刚度值,从而避免了传统误差识别模型中将二者单独识别时的相互干扰。

综合以上分析,关节角度偏差修正为

$$\Delta\theta = \Delta\theta_s + \Delta\theta_p + \Delta\theta_{etc} \tag{7-24}$$

式中:$\Delta\theta_{etc}$ 为其他因素造成的偏差,可忽略不计。

综合以上分析,总结出机器人的标定误差参数为 33 个,其中 27 个几何(结构)参数、6 个刚度参数(见表 7 - 5)。由于参数之间可能存在相关性,故在正式解算之前还须剔除相关变量,详细过程见 7.4 节。

|7.3　机器人误差识别模型的建立|

根据 7.1 节建立的制孔机器人运动学模型,当给定关节转角 θ 时,其名义位置为

$$P = F(a,d,\alpha,\theta) \qquad (7-25)$$

实际位置为

$$P' = F(a+\Delta a,d+\Delta d,\alpha+\Delta\alpha,\theta+\Delta\theta,\Delta\beta,\Delta ty_0,\Delta td_x) \quad (7-26)$$

制孔机器人的定位误差为

$$\Delta P = P' - P \qquad (7-27)$$

将式(7-25)和式(7-26)代入式(7-27),有

$$\Delta P = F(a+\Delta a,d+\Delta d,\alpha+\Delta\alpha,\theta+\Delta\theta,\Delta\beta,\Delta ty_0,\Delta td_x) - F(a,d,\alpha,\theta)$$
$$(7-28)$$

当参数比较小时,可以将式(7-28)化简为线性方程:

$$\Delta P = J \cdot \Delta Q = J \cdot (\Delta Q_s + \Delta Q_p) = J_1 \cdot \theta_s + J \cdot \Delta Q_p \quad (7-29)$$

其中

$$\Delta Q = [\Delta a,\Delta d,\Delta\alpha,\Delta\theta_p+\Delta\theta_s,\Delta\beta,\Delta y_0,\Delta t_x]^T$$
$$\Delta Q_p = [\Delta a,\Delta d,\Delta\alpha,\Delta\theta_p,\Delta\beta,\Delta y_0,\Delta t_x]^T$$
$$\Delta Q_s = [0,0,0,\Delta\theta_s,0,0,0]^T$$

J 为机器人 TCP 位置向量对结构参数求一阶偏导得到的雅可比矩阵。$J_{1(3\times6)}$ 为 J 的前六列。

在静平衡状态下,机器人末端外置力 F_f 和关节力 Γ 之间的关系为

$$\Gamma = J_f^T \cdot F_f \qquad (7-30)$$
$$\Gamma = K_\theta \cdot \Delta\theta \qquad (7-31)$$

其中:J_f 为利用微分变换法得到的 6×6 的机器人雅可比矩阵,描述了述了机器人 TCP 点速度和相应的关节速度之间的线性关系;$F_f = [F_x,F_y,F_z,T_x,T_y,T_z]^T$ 是附加到机器人末端的力和力矩,其值参照力作用坐标系。

根据式(7-30)和式(7-31),有

$$\Delta\theta_s = K_\theta^{-1}\Gamma = K_\theta^{-1}J_f^T F_f = \mathrm{diag}(J_f^T F_f)\cdot C_\theta \qquad (7-32)$$

式中:K_θ 为欲识别的关节刚度,$K_\theta = \mathrm{diag}[k_{\theta1},k_{\theta2},k_{\theta3},k_{\theta4},k_{\theta5},k_{\theta6}]$,$k_{\theta i}$ 为第 i 轴的关节刚度;C_θ 为关节顺应向量,$C_\theta = [1/k_{\theta1}\ 1/k_{\theta2}\ 1/k_{\theta3}\ 1/k_{\theta4}\ 1/k_{\theta5}\ 1/k_{\theta6}]^T$,其值应接近于 0。

将式(7-32)代入式(7-29),得

$$\Delta P = J_1 \cdot \Delta\theta_s + J \cdot \Delta Q_p = J_1 \cdot \mathrm{diag}(J_f^T F_f) \cdot C_\theta + J \cdot \Delta Q_p =$$
$$[J \quad J_1 \cdot \mathrm{diag}(J_f^T F_f)] \cdot [\Delta Q_p \quad C_\theta]^T \qquad (7-33)$$

写成矩阵的形式,即

$$\Delta P = A \cdot X \qquad (7-34)$$

其中:$A_{3\times33} = [J \quad J_1 \cdot \mathrm{diag}(J_f^T F_f)]$,$X = [\Delta Q_p \quad C_\theta]^T$

取 $N(N \geqslant 11)$ 个点,测量其实际值与理论值的偏差 $\Delta P_i (i = 1, 2, \cdots, N)$,得到

$$[\Delta P_1, \Delta P_2, \cdots, \Delta P_N]^T = [A_1, A_2, \cdots, A_N]^T \cdot \boldsymbol{X} \qquad (7-35)$$

利用 Matlab 求解式(7 - 35)的最小二乘解,并迭代多次直至 $\Delta \boldsymbol{P} \to 0$,得到 $\boldsymbol{X}$ 的最终解。

|7.4 仿真实验与结果分析|

如图 7 - 4 所示,制孔机器人装有末端执行器。末端执行器重心 G_0 在法兰坐标系($x_{t0} y_{t0} z_{t0}$)下的坐标为(6.36, − 8.49, 9.19)(单位:mm)。根据末端执行器三维模型,计算其重力为 $G = 1\ 103.58$ N。定义力作用坐标系($x_f y_f z_f$)的原点在末端执行器重心,方向与工具坐标系相同。

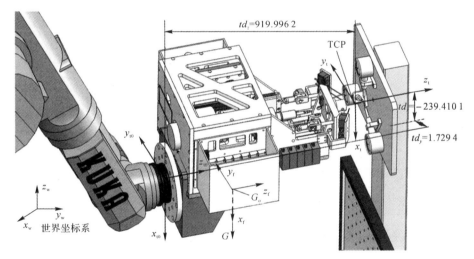

图 7 - 4　制孔机器人及末端执行器(单位:mm)

容易知道,当工具坐标系在机器人基坐标系下的位姿为 $\boldsymbol{P}$ 时,机器人基坐标系在工具坐标系下位姿为 $\boldsymbol{P}^{-1}$。为简化问题,认为末端执行器重力始终与机器人基坐标系 $-z$ 方向一致。

因此,若

$$\boldsymbol{P}^{-1} = \begin{bmatrix} \boldsymbol{n}_p & \boldsymbol{o}_p & \boldsymbol{a}_p & \boldsymbol{p}_p \\ 0 & 0 & 0 & 1 \end{bmatrix}$$

得到重力在力作用坐标系下的向量 $\boldsymbol{F}$ 为

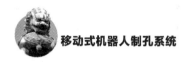

$$F = G * a_p \tag{7-36}$$

为校验模型及算法,设计了一组仿真实验,把末端执行器的重力作为外部负载识别关节刚度及结构参数误差。实验假设条件如下:跟据文献[49],合理假设6个关节的常量刚度值(见表7-6);D-H参数误差见表7-7;根据激光跟踪仪的测量精度,随机生成 $-0.02 \sim 0.02$ mm 的测量误差。随机选取制孔机器人工作空间内的20组关节角,根据式(7-26)、式(7-32)和式(7-36),得到的TCP点"实际位置"以及相应的末端执行器重力G在力作用坐标系下的坐标表7-8。表中:前15组数据为训练数据,用于模型的构建及求解;后5组为验证数据,用于实验结果的分析。为对比考虑关节刚度的误差模型和仅识别几何参数的误差模型的计算结果,在仅考虑27个结构参数的情况下,截取矩阵 A 的前27列作为矩阵 B,计算结构参数误差。

表 7-6　关节刚度值　　　　　　　(单位:N · mm/rad)

$k\theta_1$	$k\theta_2$	$k\theta_3$	$k\theta_4$	$k\theta_5$	$k\theta_6$
3.73^9	2.52^9	3.94^9	1.70^9	1.45^9	2.46^8

表 7-7　D-H 参数误差

序　号	$\Delta\theta_i/(°)$	$\Delta d_i/mm$	$\Delta a_{i-1}/mm$	$\Delta\alpha_{i-1}/(°)$
1	0.814 72	0.278 498	0.970 59	0.915 74
2	0.905 79	—	0.957 17	−0.792 21
3	−0.126 99	0.546 882	−0.485 38	−0.959 49
4	0.913 38	−0.957 507	0.800 28	0.655 74
5	−0.632 36	0.964 889	0.141 89	0.035 71
6	0.097 54	−0.157 613	0.421 76	−0.849 13

将表7-8中的实际位置与理论位置的误差代入式(7-35),进行迭代求解,算法迭代周期设为20次,迭代终止条件为

$$\sum_{i=1}^{15} |\Delta p_{xi}| + |\Delta p_{yi}| + |\Delta p_{zi}| < 0.000\ 01$$

计算得 $r_A=33$,因而矩阵 A 列满秩,模型中独立变量有33个,不需要再剔除相关变量。

利用之前所述的求解算法,利用 MATLAB 求解式(7-35)的最小二乘解,分别迭代 7 次和 8 次后,考虑关节刚度和不考虑关节刚度两种方法的 $\Delta P \rightarrow 0$。得到考虑关节刚度和不考虑关节刚度的计算结果(见表7-9)。

表 7 - 8　测量点信息

序号	$\theta_1/(°)$	$\theta_2/(°)$	$\theta_3/(°)$	$\theta_4/(°)$	$\theta_5/(°)$	$\theta_6/(°)$	p_x/mm	p_y/mm	p_z/mm	F_x/N	F_y/N	F_z/N
1	51.887 6	-64.197 4	31.265 2	180.867 0	-34.721 5	-319.480 9	501.218 7	1 460.316 8	2 650.797 4	486.858	570.254	16.742
2	62.924 4	-3.525 1	55.046 8	287.847 6	-79.800 6	-112.479 5	-1 934.274 2	-929.401	106.191 9	-489.996	-472.616	314.703
3	47.729 0	-4.809 4	31.072 8	314.372 7	19.629 0	-50.334 2	747.119 7	642.724 1	-1 089.132 1	-698.257	138.962	235.853
4	156.478 7	-86.957 2	72.138 6	-204.801 1	-54.230 9	-152.770 2	905.403 3	-1 098.991	576.268 8	65.627	745.481	49.516
5	-102.309 4	-36.081 8	26.114 4	-240.148 7	-103.864 5	-201.459 2	-686.228 4	-319.526 6	605.349 5	355.361	-224.578	-621.115
6	73.562 5	-40.529 5	135.340	130.517 1	58.124 8	213.944 6	-52.341 1	1 620.451 9	58.934 9	-721.377	-197.866	54.447
7	-92.715 0	-46.444 6	-44.310 8	-270.109 7	-58.644 9	-46.602 3	-229.735 7	-684.782 7	3 295.215 6	650.937	-344.503	-141.769
8	-133.782 2	0.466 6	-70.476 0	16.893 9	-13.132 3	257.867 7	117.311 9	-2 449.826 3	-416.512 5	198.759	494.390	-527.801
9	37.717 3	-85.769 0	-69.572 1	20.178 9	42.817 5	-72.363 3	-2 003.712 3	-287.713 3	441.252 8	269.119	-694.934	-84.511
10	-17.526 6	-78.174 4	-80.259 5	240.158 0	-32.096 0	178.961 1	16.388 5	992.646	984.540 9	-253.999	701.855	-73.375
11	-14.508 0	-106.511 9	-1.218 4	-10.072 5	53.885 5	-68.633 6	-329.319 9	-2 061.768 2	382.575 4	370.037	-6.172	2.114
12	56.923 6	10.425 7	8.932 3	-70.851 5	-24.006 7	205.161 9	-721.829 5	-1 003.226	1 610.095 4	6.102	-2.368	-3.662
13	95.005 4	-31.508 9	-10.203 3	114.001 7	41.818 8	169.626 3	1 200.191 3	1 132.176	1 346.627 4	-2.207	4.649	-5.456
14	-52.648 4	-55.176 5	81.980 4	160.436 5	46.522 8	-81.532 0	162.354 3	375.139 1	-829.488 2	-5.592	-1.198	-4.853
15	56.946 4	-32.397 3	50.546 4	13.334 9	-13.154 4	-188.847 4	2 369.882 2	559.102	1 691.448 1	6.768	-1.144	-3.023
16	-16.258 7	-120.693 2	53.981 1	23.640 4	59.115 2	18.271 7	-101.209 4	786.261 5	3 343.318 9	5.701	-2.228	-4.334
17	-147.382 3	-85.263 4	-78.066 4	-273.592 1	-117.519 2	160.796 6	298.303 5	384.712 5	120.595 7	6.134	-3.939	1.761
18	183.294 2	-123.047 3	-80.269 6	228.066 2	-108.372 6	145.077 4	316.729 8	-79.815 4	293.632 7	-6.935	-2.118	-1.916
19	-62.125 7	-54.185 8	89.646 7	-113.331 6	40.299 9	196.963 9	237.033 0	-498.191 1	548.598 2	2.609	1.272	-6.915
20	-74.981 7	-15.786 1	120.852 9	-144.218 9	24.832 3	-148.416 1	914.478 9	63.706 2	725.037 8	-6.257	-2.565	3.244

表 7-9 误差参数计算结果列表

序　号	$\Delta\partial_{i-1}/(°)$	$\Delta\theta_i/(°)$	$\Delta\beta_{i-1}/(°)$	$\Delta d_i/(°)$
1	0.915 11/0.914 74	0.816 61/0.806 67	0.679 30/0.664 33	0.416 29/1.358 05
2	−0.791 14/−0.795 25	0.904 83/0.928 19	—	—
3	−0.960 48/−0.955 66	0.941 176 471	0.934 58/0.928 51	0.489 09/0.676 66
4	0.659 32/0.656 53	0.910 48/0.955 43	—	−0.967 97/−1.011 60
5	0.036 44/0.027 94	0.970 850 165	—	0.966 95/0.214 27
6	−0.844 29/−0.807 22	0.101 35/0.073 05	—	−0.156 19/0.209 26

序　号	$\Delta a_{i-1}/mm$	$k\theta_i/(°)$	其他
1	1.085 84/1.074 14	3 612 160 477.781 7	$\Delta t y_0$
2	0.973 39/1.046 68	2 651 314 772	0.877 50/0.827 70
3	−0.434 93/−0.273 73	3 562 133 193	$\Delta t d_x$
4	0.807 02/0.904 12	2 635 912 678	0.730 95/0.547 51
5	0.100 04/−0.213 70	1 396 920 001	—
6	0.389 73/0.463 24	133 021 867.5	—

备注:表格中/前后数字意为考虑关节刚度的计算结果/不考虑关节刚度的计算结果。

利用表 7-9 所得到的两组参数,对表 7-8 中列出的后 5 组数据的理论位置进行修正,得到两组参数修正误差的对比结果(见图 7-5),发现考虑关节刚度的模型计算结果在 x、y、z3 个方向上的修正值更贴近于实际值(<0.5 mm),且更稳定。可见,在有负载的情况下,将关节刚度引入误差模型,更能提高机器人的绝对定位精度。

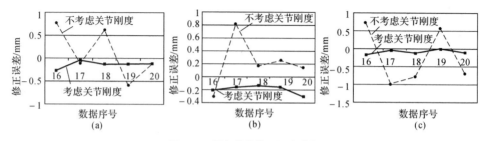

图 7-5 两组参数修正误差对比

(a)x 方向;(b)y 方向;(c)z 方向

第 8 章

移动平台设计

|8.1 移动平台技术|

　　随着机器人性能的提高,机器人制孔技术已在飞机装配中得到成功应用。在制孔过程中,飞机部件不便移动,传统的采用专用、固定基座的机器人制孔解决方案投入过大,并不经济。因此,在飞机制孔生产线中引入移动平台,构成移动式机器人制孔系统,对提高机器人制孔的工作效率和柔性有重要意义。

　　移动平台技术广泛应用于大中型设备的移载。由于机器人臂展和包络空间有限,所以为了使机器人自动制孔设备能满足飞机装配部件多、工位距离长的要求,引入移动平台,它可以较好地提高机器人制孔系统的灵活性和可达性。

　　移动平台种类很多,主要包括全向轮式、地轨式、气浮动式等多种,其中全向轮式和地轨式在航空制造领域中应用最为广泛。其主要优、缺点见表8-1。

表 8-1　两种移动方式优、缺点对比

移动方式	优　点	缺　点
地轨式	应用广泛、技术成熟、移动精度高、锁紧容易	安装调试要求高、空间利用率低、灵活性差、空间开阔性差
全向轮式	移动灵活、操作灵便、负载能力大、平台扩展性好	设计加工要求高、移动精度低、定位锁紧需要特殊机构

　　地轨式移动平台在机器人制孔技术中应用最早、最为广泛,技术也最为成熟,其结构为采用精密导轨滑块机构实现水平方向的高精度直线运动。图 8 - 1 所示为 EI 基于导轨的移动式机器人钻铆系统。虽然地轨式移动平台技术比较成熟且目前应用比较广泛,但由于它采用的是导轨滑块机构,所以对安装要求特别高,而且地轨式移动平台无法移动,所以灵活性差且对空间的利用率低,这造成了它在应用方面的一些局限性。全向轮式移动平台不同于普通轮式需要一定的转弯半径,它可以实现平面内 360°任意角度平移、回转运动,且方向切换迅速、操作灵便、结构紧凑、场地种类区域广,这使得它在很多承载大、工作空间狭小的条件下也能表现出优越的性能。图 8 - 2 所示为 KUKA 概念型全向轮式机器人。

图 8 - 1　EI 基于导轨的移动式机器人钻铆系统

图 8 - 2　KUKA 概念型全向轮式机器人

对上面地轨式及全向轮式移动平台进行比较分析后发现,全向轮式移动平台在多个方面有着显著的优势,可满足机器人移动平台的功能需求,同时符合未来航空装配及制造自动化装备的发展需求。

|8.2　全向移动平台总体设计|

根据前面的分析,选择以麦克纳姆轮为移动单元的全向轮式移动平台作为制孔设备的移动装置。该设备采用的麦克纳姆全向移动轮,具有前进、后退、转弯、自身旋转、侧平移等功能,同时具有自动导航无人驾驶的能力,可实现导向定位功能以及锁紧功能,配合车体四周的传感器,可实现运行过程中的安全保护。该装置主要用来承载制孔机器人、末端执行器及电控柜等。图 8-3 所示为初步设计的制孔移动装置整体布局的示意图。

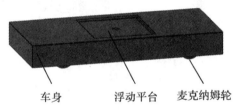

车身　　　浮动平台　　麦克纳姆轮

图 8-3　制孔移动装置整体布局示意图

8.2.1　总体需求分析

在机翼装配制孔时,翼梁分段安装在不同的工装上,由于车间空间限制,工装分排排列。根据机翼翼梁装配生产线的特点,机器人制孔设备采用分工段站位的方式完成制孔工作。飞机机翼翼梁装配生产线根据机器人加工覆盖范围被划分为若干工位,制孔设备通过移动平台实现在各工位之间的运动和定位,完成整个生产线的制孔工作。图 8-4 所示为翼梁生产线规划图。

机器人制孔系统在各排工装之间穿梭,完成制孔工作。根据机器人制孔设备的功能需求,设计多功能末端执行器完成柔性压紧、钻铰锪一体化制孔和真空排屑等功能,通过 6 轴机器人实现制孔末端执行器的定位和定姿,同时配备全套的自动换刀刀库、视频监控模块及安全防护单元。将机器人、机器人控制器、中央控制器、控制面板、真空吸屑系统、冷却系统、自动换刀系统等均集成在移动平台上,通过移动平台实现制孔设备的工位转换和定位锁紧。

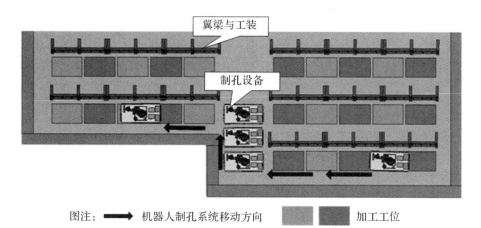

图注: ➡ 机器人制孔系统移动方向 ▨ ▨ 加工工位

图 8 - 4　翼梁生产线规划

由于移动机器人自动制孔系统采用工件不动、机器人制孔设备移动的方式,所以为提高自动制孔设备的灵活性、工件加工的适应性、制孔时设备的稳定性及制孔质量,移动平台须满足以下功能需求。

1. 全向运动功能

移动平台可以实现多工位之间的灵活移动,尤其是移动平台具备横向运动(或原地旋转后直行)通过过道移动到下一排加工工位的能力。

2. 重载功能

整个机器人制孔系统设备复杂,质量大,因此移动平台必须具备重载能力。

3. 二次定位功能

机器人制孔的加工精度要求很高,机器人制孔系统要求移动平台在到达指定工位后应实现精确定位,以便保证制孔系统与加工工件之间的相对坐标。而移动平台自身的运动精度很难满足精确定位的要求,这就要求移动平台具备二次定位功能。

4. 承载锁紧功能

翼梁制孔要求孔径精度为 H9。制孔过程中,机器人制孔系统会受到制孔轴向力的作用,显然移动平台本身车架很难满足刚度需求,这就需要机器人安装在一个大刚度的承载平台上,该承载平台实现与地面的锁紧固连,以满足制孔系统对移动平台刚度的要求,这就要求移动平台应具备锁紧功能。

8.2.2　设计目标

　　通过对某飞机公司机翼翼梁装配生产线的分析,地轨式和一般的轮式移动平台不能满足其对移动平台的功能需求。从这个角度出发,同时作为全向轮移动平台在航空工业机器人制孔中的应用探索,应根据实际工程需求和机器人移动制孔的基本功能要求,设计一台机器人制孔移动平台物理样机,并进行全向移动技术、移动平台重载技术、定位锁紧技术的研究和验证。根据机器人制孔的基本要求和移动平台的基本功能,并参考同类型全向移动运输车的标准,提出以下设计目标。

　　(1)前后直线移动功能,这是移动平台的基本功能。参考同类型全向移动运输车的标准,直线运动的最高设计速度为 0.8 m/s,加速度为 0.25 m/s²。

　　(2)移动平台具有侧向运动功能和原地转向功能,以保证移动平台在车间各工装之间运动的灵活性。

　　(3)爬坡能力 5%,以适应一般的不平路面的移动要求。

　　(4)为保证移动平台移动过程的稳定性,轴距、轮距比值选取 4/3～2/1,轴距不超过 1.5 m,轮距不超过 1 m,运行过程中平台高度小于 0.5 m。

　　(5)为满足进一步进行相关实验的要求,设计额定承载质量为 1 000 kg,同时移动平台自重不超过其额定载重。

　　(6)平台具有一定的缓冲减震功能。全向轮的结构特点决定了移动平台在运行过程中不可避免地会有一定的振动产生,增加缓冲减震功能可保证移动平台运行的平稳性。

　　(7)到达工位后,移动平台具备二次定位功能和锁紧功能,以满足制孔稳定性的需求。

　　(8)在制孔过程中,移动平台不再由车轮支撑地面,而是由刚度较大的承载基座作为机器人制孔系统的支撑,以保证制孔过程中的稳定性。

8.2.3　设计准则

　　在满足机器人制孔的基本要求和移动平台基本功能的基础上,力求做到该平台具有良好的力学性能和运动学性能,为此提出以下设计准则。

　　(1)参考国家相关标准选定合适的安全系数,保证运动过程中有足够的强度。

　　(2)移动平台需要承受较大的载荷,因此须保证移动平台在工作过程中不会因强度不足而产生事故。由于航空用移动平台钢结构没有相关的安全系数标准,所以参考国家工程机械相关标准,选取安全系数为1.34。

(3)降低制造成本,方便维护。

(4)在满足功能的前提下,采用成熟的设计方案,基于车辆工程学方法进行模块化设计,以便于后期改进和维护。同时,使用常用的工程材料和加工方法,尽可能选用成熟的标准件和采购件,以降低成本。采用工厂车间常用的动力源,如气动、电动等方式,以降低设备基础建设相关费用。

(5)结构紧凑,布局合理,扩展性好。

(6)紧凑的结构可以减小移动平台体积、节省空间,同时具有良好的外形。设计时应充分利用移动平台的内部空间,合理布局各个模块,并且应使各零件的组合均匀协调。另外由于是第一台实验样机,为了便于功能的扩展和进一步的研究,整个设计扩展性要好。

8.2.4 全向轮小车结构及参数指标

制孔移动装置总体结构如图8-5所示,包括行走单元、浮动平台、控制装置和安全防护四部分。其中:行走单元为移动装置的运动提供支持;浮动平台为机器人提供安全可靠的加工基础;控制装置是制孔移动装置的核心,控制移动装置的移动;安全防护采用力传感器,防止因人误进入加工区域造成的安全隐患。

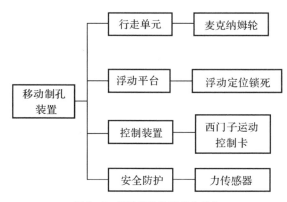

图8-5 制孔移动装置总体结构

(1)行走单元:采用全向轮作为行走机构,由4组麦克纳姆轮组成,每个麦克纳姆轮由轮毂和安装在轮毂外缘上的一组辊子组成,辊子轴线与轮毂轴线成一定角度,并且辊子可绕自身轴线自由旋转,如图8-6所示。每个麦克纳姆轮由一个伺服电机驱动。通过4个电机驱动4个轮子同步或差动来实现横向移动、

纵向移动和绕任意轴线中心的旋转运动。

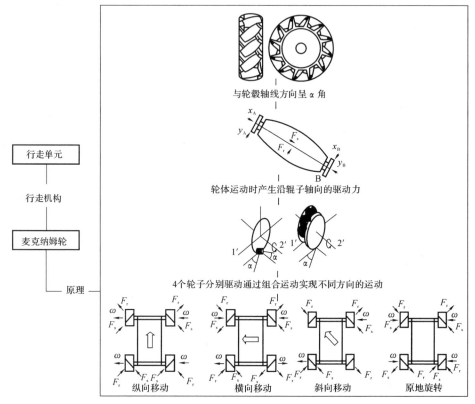

行走单元

行走机构

麦克纳姆轮

原理

与轮毂轴线方向呈 α 角

轮体运动时产生沿辊子轴向的驱动力

4个轮子分别驱动通过组合运动实现不同方向的运动

纵向移动　　横向移动　　斜向移动　　原地旋转

图 8 - 6　行走单元结构

（2）浮动平台：是机器人、末端执行器、刀库及试刀校验的安装平台。浮动平台的浮动、定位和锁死是采用 3 组顶升液压缸、2 组锁紧机构和 2 锥窝 1 平面结构。当制孔移动装置移动到预定工位，浮动平台的 3 组顶升液压缸的伸缩实现浮动平台的上下移动；2 锥窝 1 平面呈等腰三角形布置，通过 2 个锥销与锥窝配合实现浮动平台的定位；定位之后，通过 2 个液压锁与地面钩连、锁死。

全向轮小车的基本参数指标为：移动装置平台高度在 400～600 mm，载荷大于 4 t，刚度高，变形小，运行平稳性好。

8.2.5　全向轮小车控制

制孔移动装置控制器采用专用控制器，该控制器集成制孔移动装置的行走、视觉引导、定位、锁紧以及安全防护等控制功能。移动装置控制器向中央控制器传输当前移动装置处于行走或者定位锁紧等状态类信号,中央控制器根据该信号决定系统是否满足工作条件,该类信号的传递通过中央控制器及其信号采集端子模块完成。移动装置控制器组成原理如图 8-7 所示。

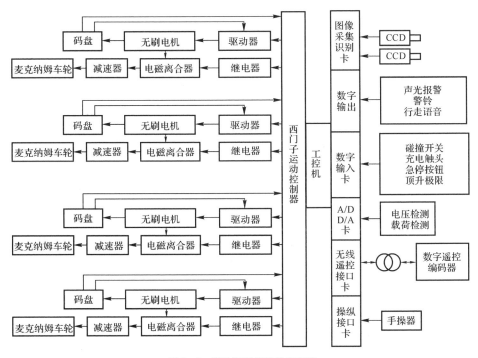

图 8-7 移动装置控制器原理图

制孔移动装置移动到预定工位后,必须进行定位和锁死。浮动平台的 3 组顶升液压缸的伸缩使浮动平台与行走单元分离,实现浮动。2 个锥销液压缸伸长,锥销插入销孔中,通过 2 锥销 1 平面定位,浮动平台的锁死是通过液压锁来实现的,液压锁完成主要工作的机械机构部分是液压钩,通过与地面上预设的槽子的钩连后的液压施力锁死来实现锁死。

8.3 移动平台整体结构设计

根据上述对移动平台功能需求的分析,下面将对移动平台进行整体设计,其主要包括全向运动单元和承载锁紧单元。全向运动单元采用全向轮式移动平台,主要实现制孔设备的全向移动。承载锁紧单元具备二次定位和锁紧功能,主

要实现机器人的精准定位和制孔时与地面的锁紧,保证制孔时设备的稳定性。图8-8所示为移动平台整体结构。

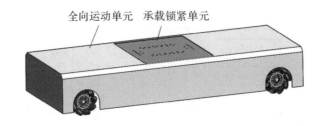

图 8 - 8　移动平台整体结构

8.3.1　移动平台承载面布局

移动平台是制孔设备的载体,是机器人自动制孔设备正常工作的基础,制孔设备各组件在移动平台上的布局直接影响着整个设备的工作状况、操作控制和后期维护。移动平台承载面的布局应遵循以下原则。

(1)避免干涉原则。机器人及末端执行器在制孔与试刀过程中不能与其他设备发生碰撞或干涉,这是设备布局首要遵循的原则,是其他原则的前提。

(2)美观紧凑原则。设备的摆放务必美观紧凑。

(3)操作面板利于操作原则。操作人员在使用操作面板时要便于操作,应能很好地观察到制孔的整个过程。

(4)整体质量分配合理原则。质量的合理分配有利于制孔设备移动平台的平稳,进行布局时应尽量使整体重心位于制孔设备移动平台的中心。

(5)便于后期维护原则。各设备的布局应该有利于后期的维护修理,这样可以很好地减少后期维修人员的工作量和工作强度。

(6)安全性原则。各设备的布局应有利于人的安全操作。

根据移动机器人制孔设备的功能要求,全向移动平台除作为机器人的承载平台外,还承载着机器人控制柜、末端执行器控制柜、冷油机、真空泵、刀库、试刀校验台、电缆绞盘及安全装置等功能配套装置。

根据移动平台承载面布局原则,下面对移动机器人制孔设备进行了合理布局,最终布局如图8-9所示。

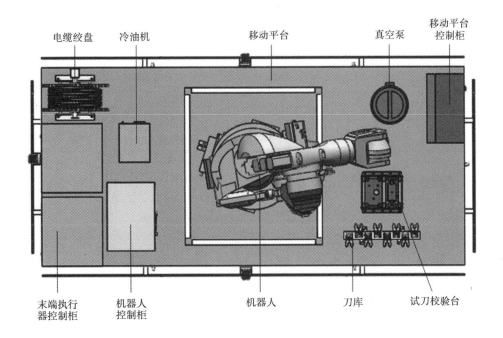

电缆绞盘　冷油机　　　　　　移动平台　　　　　真空泵　移动平台控制柜

末端执行器控制柜　机器人控制柜　　　机器人　　　刀库　　试刀校验台

图 8-9　移动平台平台整体布局图

|8.4　移动平台功能模块划分|

　　根据机器人制孔系统对移动平台的功能需求,如图 8-10 所示,移动平台可以划分为以下功能模块:①全向轮单元,实现全向运动功能,具备基本的纵向运动、横向运动以及原地旋转功能;②车桥与驱动单元,实现移动过程的承载功能,同时为全向运动提供动力;③悬架单元,实现车架和车桥之间的传力和连接,实现缓冲、减震功能,同时在到达加工工位后实现移动平台的高度调整;④承载锁紧单元,在加工工位实现定位锁紧功能,为机器人制孔系统提供大刚度的承载基座,为机器人制孔系统制孔精度的保证提供条件;⑤车架结构单元,是移动平台运动过程中的承载基体,同时为其他单元提供安装平台;⑥控制集成单元,是移动平台的控制中枢,由运动控制器、气路控制模块、锁紧控制器等组成。

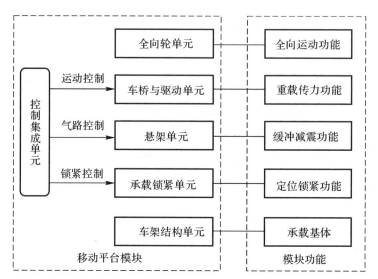

图 8-10　移动平台模块划分全向轮性能分析与结构设计

|8.5　移动平台全向运动单元|

8.5.1　全向轮类型

全向轮是实现全向运动的关键机构,在国内外的研究中,应用最为广泛的两种全向轮是麦克纳姆轮和瑞士轮。麦克纳姆轮与普通车轮的结构不同,其圆周安装有许多能够自由转动的鼓形辊子,辊子的轴向与车轮的轴向有一偏置角度,所有辊子的轮廓构成麦克纳姆轮的工作表面。由于车轮轴线与辊子轴线有一夹角,这就使麦克纳姆轮在绕车轮轴线转动的同时还具有沿车轮轴线方向运动的趋势。通过若干麦克纳姆轮的组合,可以实现移动平台的全向运动。瑞士轮圆周上安装有两层辊子,其通过交错方式安装,可有效地避免侧向运动时产生死区的现象。瑞士轮中大轮子和小轮子转动互不影响。当车身上安装有 3 个或 4 个瑞士轮时,就可以克服传统轮子不能侧滑的局限性,实现全向运动。

两种全向轮的优、缺点对比见表 8-2,相对于瑞士轮,麦克纳姆轮控制简单、全向运动性能稳定、制造成本较低,因此选用麦克纳姆轮作为全向轮。

表 8-2　两种全向轮优缺点对比

名　称	优　点	缺　点
麦克纳姆轮	控制上较为简单、全向运动稳定	零件制造复杂、辊子容易磨损
瑞士轮	轮子触点连续、运行时振动小	零件制造要求高、安装精度要求高、成本高、承载能力弱

8.5.2　麦克纳姆轮全向运动分析

全向运动方式是相对于一般的运动方式而言的,一般移动机构的转向方式是车轮偏转转向,即通过车轮的偏转并做差速运动实现绕转向中心的圆周运动。而全向运动方式是在不改变移动机构姿态的情况下,可沿平面上任意连续轨迹移动到指定位置的运动方式。因为机器人制孔移动平台采用的全向轮是麦克纳姆轮,所以下面从受力角度分析麦克纳姆轮的全向运动原理。

8.5.3　全向轮单个辊子的受力

对于一般车辆来说,驱动轮在水平方向上受两个力作用:一个是动力源(发动机或驱动电机)的动力扭矩 T,使车轮转动,如图 8-11(a)所示;另一个是摩擦力 F_f,阻止车轮转动。在这两个力的作用下,车向前运动。全向轮也一样,不同的是,全向轮运动过程中,直接与地面接触的结构是辊子,辊子倾斜安装在全向轮缘上,辊子轴线与全向轮的轴线成一个夹角 α,如图 8-11(b)所示,运动过程中,作用在辊子上的摩擦力 F_f 有两个分力,垂直于辊子轴向的分力 F_r 使全向轮辊子做绕辊子轴的旋转运动,沿辊子轴线的分力 F_a 又可以分解为横向力 F_x 和纵向力 F_y,从而使全向轮具备全向运动的能力。

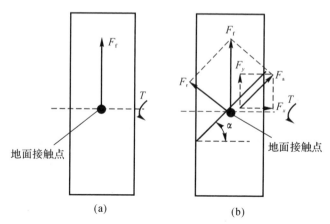

图 8-11　普通车轮与全向轮受力图

(a) 普通车轮受力；(b) 全向轮受力

8.5.4　4轮全向运行原理

　　由辊子的受力分析可知,通过多个全向轮组合就可以实现移动平台的全向运动,下面详细分析4轮全向移动平台的运行原理。

　　如图8-12(a)所示,当移动平台的4个全向轮均向前转动且转速相等(即$\omega_1=\omega_2=\omega_3=\omega_4$)时,4个全向轮辊子轴轴向力相等、方向相同,合成力向前,全向轮向前行驶。当4个全向轮转向相反时,移动平台即可实现向后运动。

　　如图8-12(b)所示,当移动平台的1、3轮向后转动,2、4轮向前转动,且4轮转速相等(即$-\omega_1=\omega_2=-\omega_3=\omega_4$)时,4个全向轮辊子轴轴向力相等,合成力向左,全向轮向左行驶。当4个全向轮转向相反时,移动平台即可实现向右运动。

　　如图8-12(c)所示,当移动平台的1、4轮向后转动,2、3轮向前转动,且4轮转速相等(即$-\omega_1=\omega_2=\omega_3=-\omega_4$)时,4个全向轮辊子轴轴向力相等,在移动平台中心的合力为绕中心轴顺时针转动的合力矩,在这个力矩的作用下,移动平台做逆时针旋转运动。

　　当辊子轴线与全向轮的轴线夹角$\alpha=45°$时,移动平台的移动速度和各个轮子的转速有如下关系。限于篇幅原因,具体的推导过程不做赘述。

　　纵向(向前)行驶:

$$\omega_1=\omega_2=\omega_3=\omega_4=v_y/R \tag{8-1}$$

　　横向(向左)行驶:

$$-\omega_1=\omega_2=-\omega_3=\omega_4=v_x/R \tag{8-2}$$

原地旋转(顺时针):

$$-\omega_1 = \omega_2 = \omega_3 = -\omega_4 = \omega_0(W+L)/2R \qquad (8-3)$$

其中:v_y 为纵向行驶速度;v_x 为横向行驶速度;R 为全向轮半径;ω_0 为原地旋转角速度;W 为移动平台全向轮轮距;L 为移动平台全向轮轴距。

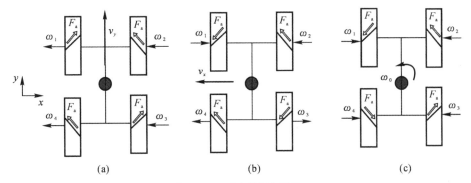

(a)　　　　　　　　　(b)　　　　　　　　　(c)

图 8 - 12　全向轮运行原理

(a) 向前运动;(b) 向左运动;(c) 逆时针旋转

8.5.5　辊子参数

如图 8 - 13 所示,圆柱为全向轮的理论设计圆柱,曲线 AB 为全向轮运动过程中辊子与地面的接触曲线。根据几何关系可知,曲线 AB 为一条等速螺旋线,也就是辊子的外轮廓线,曲线 AB 绕直线 AB 旋转即为全向轮辊子。全向轮的具体尺寸参数见表 8 - 3。

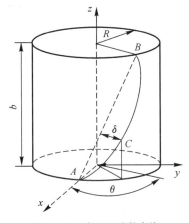

图 8 - 13　辊子理论轮廓线

表 8 - 3　全向轮的尺寸参数

全向轮的尺寸参数	意　义
b	全向轮理论宽度
R	全向轮半径
γ	曲线 AB 绕 z 轴转角
α	辊子轴线与全向轮 z 轴夹角
θ	辊子端点对应的中心角
S	辊子轴线与轮子 z 轴的最小距离
δ	辊子轮廓上任意一点到辊子轴线 AB 的距离

　　全向轮的理论宽度 b 和全向轮半径 R 是由移动平台的整体结构决定的。而全向轮的其他尺寸参数存在一定的几何关系,即其他参数可以通过这两个参数推导得到,具体推导过程如下:

$$\gamma = b/R$$
$$\cos\alpha = \gamma/D \tag{8-4}$$

其中

$$D = \sqrt{2 - \cos\gamma + \gamma^2} \tag{8-5}$$

$$S = \frac{R}{2}\sqrt{2 + 2\cos\gamma} \tag{8-6}$$

　　由于全向轮的工作表面由安装在轮缘上所有小辊子的轮廓线组成,小辊子轮廓面的连续与否直接影响全向轮的运动性能,所以定义表征全部辊子参与运动的轮廓线总长与轮子周长的比率为 ε,称为运动连续性比率系数。且当 $\varepsilon \geqslant 1$ 时,辊子轮廓线总长不小于轮子周长,就可以保证全向轮运动的连续性。运动连续性比率系数 ε 为

$$\varepsilon = \frac{N}{2\pi}(\gamma - 2\theta_0) \tag{8-7}$$

其中:N—— 小辊子的数目;

　　　　θ_0—— 辊子端点对应的 θ 角。

　　辊子轮廓上任意一点到辊子轴线 AB 的距离 δ 为

$$\delta = R\sqrt{(2 - 2\cos\theta + \theta^2) - \frac{[\cos(\theta - \gamma) - \cos\gamma - \cos\theta + \theta\gamma + 1]^2}{2 - 2\cos\gamma + \gamma^2}} \tag{8-8}$$

为了便于求解辊子曲线的方程,下面建立平面直角坐标系(见图 8-14)。直线 AB 方向为 x 轴,与直线 AB 方向垂直的方向为 δ 轴,辊子轮廓线可以由关于 δ、x 的方程表征。辊子的实际长度并不取到直线 AB 的总长,而是对称地将两端截掉,从而形成辊子小端,便于辊子在轮毂上进行安装。辊子的实际长度为 l,而与 δ 对应的 x 可以用 θ 表示:

$$x = \frac{RD}{2} - \frac{R}{D}\left[\cos(\theta - \gamma) - \cos\theta - \cos\gamma + \theta\gamma + 1\right] \tag{8-9}$$

由于式(8-8)、式(8-9)中的参数 δ、x 均可由 θ 表示,所以根据 MATLAB 就可以得到 δ 关于 x 的曲线方程,其中 x 的取值区间为 $[-l/2, l/2]$,l 为辊子的实际长度。图 8-14 中曲线即为辊子的轮廓线。

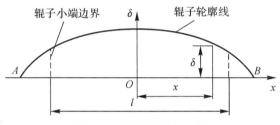

图 8-14 辊子曲线直角坐标化

根据全向轮移动平台的整体结构,取 $R = 150$ mm,$b = 195$ mm。在计算运动连续性比率系数 ε 时,考虑到加工制造中轴承安装的需要,取辊子长度 $l = 150$ mm,$N = 9$,筛除掉出现辊子之间出现干涉的结果,见表 8-4,最终得到一组合理的辊子关键几何参数数据。在 Matlab 中得到的辊子轮廓曲线如图 8-15 所示。

表 8-4 辊子关键几何参数 （单位:mm）

参 数	R	b	l	N	ε	δ_1	δ_2
取 值	150	195	150	9	1.024	21.19	30.59

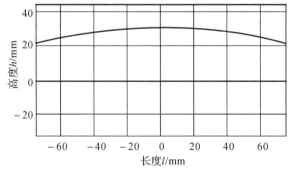

图 8-15 辊子的轮廓曲线图

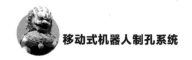

8.5.6　辊子安装

全向轮运动过程中,辊子是最直接与地面接触的结构。由辊子在全向轮缘上的分布特征可知,辊子主要受到一个径向力,该力主要是移动平台的自身重力和牵引力的径向分力的合力;同时辊子还受到一个轴向力,该轴向力为牵引力在其轴向上的分力。因此辊子的安装方式要同时满足传递径向力和轴向力的要求。

辊子在全向轮缘上主要有两种安装方式:一种是两端支撑安装方式,另一种是悬臂安装方式。两端支撑的安装方式,辊子轴的受力情况较好;但是由于支撑端在辊子两端,两端直径相对较小,在磨损之后,很容易出现支撑结构与地面直接摩擦的现象,从而严重影响全向轮的控制性能和使用寿命。悬臂安装方式尽管受力情况不好,但是由于支撑端在中部,中部的直径相对较大,可以很好地避免支撑结构与地面的摩擦问题。考虑到机器人制孔系统使用的稳定性,辊子的安装方式选择悬臂安装方式。

如图 8-16 所示,辊子从中间断开,分别通过辊子轴安装在轮毂叶片的两侧,每个半辊子两端通过两个角接触球轴承安装在辊子轴上,角接触球轴承的定位通过半辊子外侧的小圆螺母和内侧的垫片实现。为了防止工作过程中辊子轴因受力出现松动,在辊子轴中部设计有一个定位孔,用销子将辊子轴固定在轮毂叶片上。这种安装方式结构紧凑,能够满足较大的轴向力和径向力的承载要求,同时辊子运转灵活,可以很好地避免滑移,减少磨损,不容易损坏。

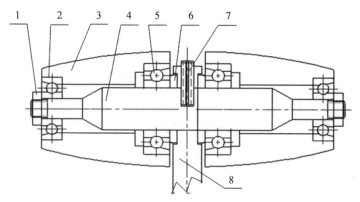

图 8-16　辊子安装结构图

1—小圆螺母;2—角接触球轴承;3—半辊子;4—辊子轴;

5—角接触球轴承;6—定位垫片;7—销子;8—轮毂叶片

|8.6 移动平台承载锁紧单元设计|

8.6.1 承载锁紧单元功能实现

根据机器人制孔需求和移动平台技术要求,承载锁紧单元除具备基本的机器人承载功能外,还需要满足:①二次定位功能,通过移动平台二次定位,提高移动平台的定位精度,满足机器人制孔和锁紧功能的定位要求;②锁紧功能,制孔过程中承载单元实现与地面锁紧,不会出现松动;③加工时的承载功能,在到达加工工位后,移动平台不再由车轮支撑地面,而是由刚度较大的承载基座作为机器人制孔系统的支撑,保证制孔过程中的稳定性。

8.6.2 移动平台定位功能

移动平台在工位间的自主运动一般采用的方式有电磁引导、激光导航及视觉导航,无论采用哪种导引方式,移动平台的定位精度都无法满足移动机器人自动制孔设备加工要求和移动平台锁紧要求,因此移动平台必须通过二次定位来完成制孔设备的精准定位。通过对各定位方式进行分析后,本移动平台采用"两锥销一平面"的定位技术来实现移动平台二次定位。

在移动平台通过自动引导到达目标加工工位后,由于定位存在误差,移动平台定位销中心与地面预制销孔中心出现一定偏差,此偏差称为一次定位误差,如图 8-17 所示。经过一次定位后,移动平台底部的两个锥销中心与该工位对应的两个预制销孔中心之间存在的距离偏差为 e_1 和 e_2,设定位锥销底端面截面半径为 R_1,地面预制锥销孔表面截面半径为 R_2,则只要 $R_2 > R_1 + \max(e_1 + e_2)$,移动平台即可完成二次定位。不考虑姿态偏差,承载锁紧单元底部的定位销中心与该工位地面预设的定位销孔中心之间的存在的一定的偏差 e,这个偏差也就是一次定位误差,采取合适的引导方式和控制算法,一次定位误差可以控制在 10 mm 以内。因此定位销中设计的两个锥销,锥端直径设计为 20 mm,销端直径设计为 40 mm,以保证在存在一次定位误差的情况下,定位销可以定位到定位孔,实现二次定位。移动平台经过二次定位,可使定位精度满足机器人自动制孔设备加工要求和锁紧要求。

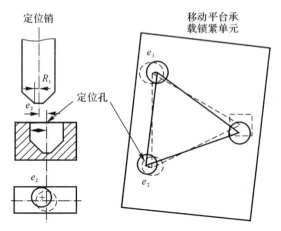

图 8-17 定位锥销与定位锥孔示意图

　　移动平台按照程序指令经过导引系统引导移动到制定加工工位,在确认移动到位后,移动平台承载平台支撑液压缸缩回,随之承载平台下降,两定位锥销落入各自对应的锥销孔内,随着承载平台高度不断降低,锥销与锥销孔完成配合关系,完成对承载平台的位置修正,达到精准定位要求。图 8-18 所示为承载平台定位前与定位后的对比图。

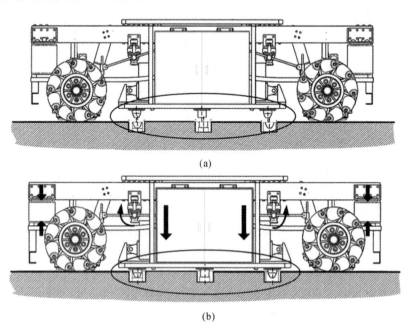

图 8-18 承载平台定位过程

(a)定位前；(b)定位后

8.6.3　移动平台锁紧功能

锁紧功能是承载锁紧单元的主要功能之一,锁紧功能的实现可以选择以下两种方案。

(1)设计专用的机械锁紧机构。可以利用机械的方法,约束移动平台的空间自由度,通过液压缸或电动缸等手段提供一定的锁紧力,从而实现移动平台与地面的锁紧。

(2)采用电磁铁锁紧。通过安装在平台底部的电磁铁,将平台吸附于预设在工位地面的铁板上,实现锁紧。

两种方案的优缺点对比见表8-5,在机器人制孔过程中,移动平台的定位锁紧是非常关键的功能,方案(1)技术更为成熟,功能可靠性更强,同时由于在机器人制孔系统中自动化设备较多,方案(2)中电磁屏蔽的难度较大,综合考虑采用方案(1),即设计专用的锁紧机构。

表 8-5　两种锁紧方案对比

方　案	优　点	缺　点
机械锁紧机构	技术成熟、功能可靠、价格低廉、便于维护	设计工作量大、加工要求高
电磁铁锁紧	外观美观、采购便利	电磁屏蔽难度大、有较大噪声、应用成本高

8.6.4　承载锁紧单元整体结构设计

根据移动平台承载锁紧单元功能需求及实现方式,对其进行整体结构设计。图8-19所示为移动平台承载锁紧单元整体结构图。

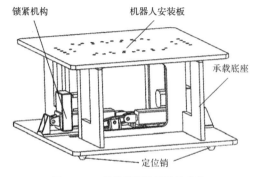

图 8-19　承载锁紧单元整体结构

承载锁紧单元由机器人安装板、承载底座、锁紧机构和定位销组成。机器人安装板和承载底板通过螺栓和销钉安装紧固,构成机器人制孔系统在进行制孔工作时的承载基座,在承载底座下部安装两个定位销和一个圆柱凸台,其中三个定位销成等腰三角形布置。

8.6.5 承载平台锁紧机构

根据移动机器人自动制孔系统技术要求及移动平台功能分析,在移动平台到达预定加工工位后,机器人承载平台必须与地面锁死,以防止制孔设备在进行制孔作业时因受力发生位置偏移,影响制孔精度及对制孔设备造成损坏。为保证制孔精度和设备的安全,在机器人承载平台底部设计有锁紧装置。根据前文对不同锁紧方式优、缺点的分析,承载平台最后采用技术更成熟及性能更稳定的机械式锁紧装置。图8-20所示为锁紧装置结构图。

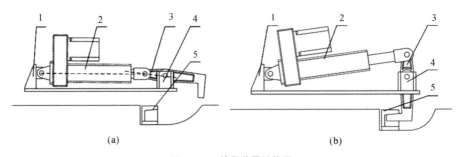

(a)　　　　　　　　　　　　　　　　　(b)

图8-20　锁紧装置结构图

(a)锁紧前;(b)锁紧后

1—电动缸支座;2—电动缸;3—锁紧钩;4—锁紧钩支座;5—锁紧块

锁紧机构包括电动缸支座、电动缸、锁紧钩、锁紧钩支座及锁紧块。其中电动缸铰接安装在电动缸支座上,锁紧钩铰接安装在锁紧钩支座上,同时电动缸推杆与液压钩一端铰接,这样形成连杆机构:电动缸作为动力,在移动平台停靠到位之后,电动缸带动锁紧钩运动,最终与安装在地面沟槽内的锁紧块勾连。锁紧钩勾连部分设计为斜面,与锁紧块内的斜面配合形成斜面结构。在制孔过程中,电动缸提供锁紧力,由于斜面作用,锁紧钩不会在锁紧块中松脱,从而实现锁紧。

8.6.6 锁紧机构受力分析

根据机器人制孔仿真分析及计算,在制孔过程中锁紧机构受到的垂直向上

的力为 $2T$，由于有两个锁紧机构，所以假定每个锁紧机构需要克服的力相等，都是 T，图 8 - 21 所示为锁紧钩受力情况。

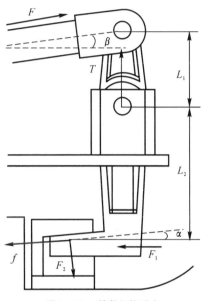

图 8 - 21 锁紧机构受力

锁紧钩受力情况如下：

$$F_2\cos\alpha = T \qquad (8-10)$$

$$f\cos\alpha + F_1 = F_2\sin\alpha \qquad (8-11)$$

$$F_1 L_2 = F L_1 \cos\beta \qquad (8-12)$$

$$f = F_2\mu_0 \qquad (8-13)$$

其中：F 为伺服电动缸推力；F_1 为液压钩横向力；F_2 为锁紧块对液压钩的压力；α 为锁紧钩斜面角度；f 为沿锁紧块与液压钩斜面的静摩擦力；μ_0 为静摩擦系数，根据机械设计手册，取 $\mu_0 = 0.1$。

按照锁紧机构自锁进行设计，即 $F_1 = 0$ 情况下锁紧机构仍能起到正常锁紧作用，则得到

$$f\cos\alpha = F_2\sin\alpha \qquad (8-14)$$

解得 $\alpha = \arctan\mu_0 = 5.7°$。

当 α 取 $5.7°$ 时，锁紧钩的斜度为 $1:10$，此时锁紧机构处于锁紧的临界点，机构锁紧不可靠。因此，设计锁紧钩的斜度为 $1:12$（即 α 取 $4.7°$）。

8.6.7　锁紧装置静力学分析

　　锁紧钩是锁紧机构的关键结构件,也是在最大锁紧力情况下,最容易出现失效的结构,因此应对锁紧钩进行结构静力学分析,以保证在最大锁紧力 $T = 10\ 000$ N 的情况下满足强度要求。

　　锁紧钩的设计材料为 45♯钢,屈服极限为 355 MPa,许用应力为 265 MPa,材料密度为 7 800 kg/m³,弹性模量为 210 000 MPa,泊松比为 0.3。在 ANSYS 软件中,采用 solid45 单元进行模拟,网格划分,得到的有限元模型如图 8 - 22(a)所示,单元数为 23 651,节点数为 5 409,在锁紧钩的钩端添加约束,在锁紧钩的旋转轴心处添加竖直向上的锁紧力 10 000 N,进行计算,结果如图 8 - 22(b)所示,从图中可以看出,最大应力为 105 MPa,出现在锁紧钩钩端过渡处。因此,锁紧钩强度满足设计要求。

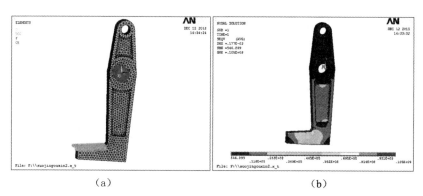

(a)　　　　　　　　　　　　　(b)

图 8 - 22　锁紧钩有限元分析

(a)锁紧钩有限元模型及加载情况；(b)锁紧钩应力分布

|8.7　移动平台原型制造|

　　经过对移动制孔设备的需求分析,完成了移动平台的制造,其整体结构示意图如图 8 - 23 所示。移动平台尺寸为 5 000 mm×2 500 mm×500 mm,其材料采用 Q345 优质钢,全向轮采用麦克纳姆轮,承载锁紧单元的浮动采用液压缸驱动,锁紧机构采用机械式锁紧。移动平台四周设置有安全边缘开关和安全扫描仪,为设备安全运行提供保障。

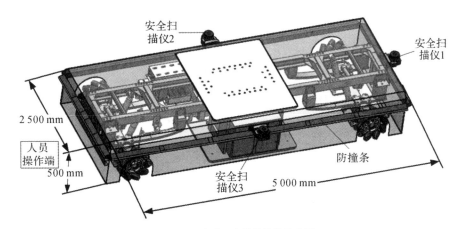

安全扫
描仪2

安全扫
描仪1

2 500 mm

人员
操作端

500 mm

安全扫
描仪3

防撞条

5 000 mm

图 8 - 23　移动平台整体结构示意图

第 9 章
多执行单元协同控制技术

|9.1 基于 TwinCAT 的多执行单元协同控制系统总体设计|

协同控制是将制孔系统内各相互独立的执行单元联成一体,实现多系统并行运行,制孔系统按照规定的制孔工序进行精确协同制孔,充分发挥单个动作单元和整个制孔系统的效力。

在数控系统中,可编程逻辑控制器(Programmable Logic Controller, PLC)在处理开关量逻辑控制上起着重要作用。随着工业控制领域 IEC61131 - 3 标准的制定与实施,一项新的控制技术——软件 PLC 迅速发展。软件 PLC 用软件模拟传统 PLC 的硬件扫描功能,在保证执行速度、执行精度的同时提供了更多的灵活性,软件 PLC 综合了 PC 的软硬件资源,拥有强大的数据处理能力,友好的人机界面以及 PLC 的开关量、模拟量控制,逻辑控制,数学运算等功能。软件 PLC 允许用户无须对底层硬件直接操作,而是通过操作系统管理硬件,无须关心内存的分配,直接调用库函数编程,简化了编程步骤,使用更方便。

本套移动机器人制孔控制系统选用德国 Beckhoff TwinCAT 控制系统,其是一套典型的开放式软件 PLC 控制系统。德国 Beckhoff 公司成立于 1980 年,主要研究 PC+I/O 全软件化开放式数控系统。Beckhoff 的 PC 数控技术应用开发平台为 TwinCAT 控制软件,该软件基于 IEC61131 - 3 编程语言,可通过多PLC 系统、NC 轴控制系统、编程环境和操作站,将任何兼容 PC"改造"成为一台实时控制器,强大而丰富的功能库和插件可以满足不同应用对特殊函数库的需求。

该系统具有以下几个特点。

(1)开放性。硬件开放性:Intel 平台与主流现场总线的集成。软件开放性:IEC61131-3、C/C++、MATLAB/Simulink、Windows、Visual Studio。

(2)先进性。强大的数据处理能力,支持多核的 CPU 的并行处理。支持高速实时以太网 EtherCAT,可实现分布式、数字化及管控一体化。对先进控制算法的仿真及多层次实现。支持对多轴复杂运动控制。

(3)实时性。实时多任务操作系统内核(最小周期 50 μs)、实时高速的通信网络、快速的 I/O 采集。

本书中的移动机器人制孔设备需要主控制器、机器人、末端执行器、移动装置的协同动作才能完成整个超长零件的自动化制孔任务,因此控制系统采用"EtherCAT+Profibus"总线构建主从分布式结构。EtherCAT 是一种用于实现工业自动化的实时以太网总线,具有拓扑结构灵活、操作简便的特点,凭借其高通信速度和高用户数据传输率,EtherCAT 具有快速控制技术以及实时网络监控等特征。工业控制中广泛使用的 Profibus——DP 总线能实现主站与从站之间数据的实时、准确、快速的传输,既能保证控制系统的先进性又节约成本。控制系统总体架构如图 9-1 所示。

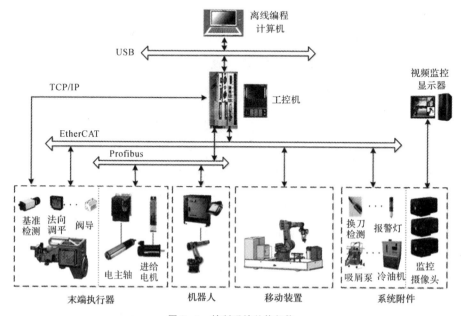

图 9-1　控制系统总体架构

Beckhoff 为所有通用的 I/O 信号和现场总线系统提供全系列的现场总线组件,适用于所有常用的信号类型和现场总线系统。除传统的总线系统,Beckhoff 还为基于 EtherCAT 端子模块和 EtherCAT 端子盒的高速以太网总线提供全系列的 EtherCAT I/O 系统。本套移动机器人制孔控制系统中用到的 EtherCAT 端子模块、EtherCAT 端子盒见表 9-1、表 9-2。

表 9-1　EtherCAT 端子模块

端子名称	功　能	备　注
EK1100	EtherCAT 总线耦合器	一个站点由一个耦合器、任意多个 EtherCAT 端子模块和一个总线末端端子模块组成
EL6731	Profibus 主站/从站端子模块	最多 125 个从站,周期时间最短为 200 μs
EL1018	8 通道数字量输入端子模块	单线制,24VDC
EL2008	8 通道数字量输出	单线制,24VDC

表 9-2　EtherCAT 端子盒

端子名称	功　能	备　注
EP1018	8 通道数字量输入	二线制,24VDC
EP2028	8 通道数字量输出	二线制,24VDC
EP3174	4 通道模拟量输入	$-10/0\sim+10$ V 或 $0/4\sim20$ mA,可参数化,差分输入,16 b
EP4374	2 通道模拟量输入、2 通道模拟量输出	输出类型:$-10/0\sim+10$ V 或 $0/4\sim20$ mA,分辨率:16 b
EP5101	增量式编码器,支持任何带 RS485 接口的反馈系统	可直接连接旋转测量编码器或长度测量编码器

本节根据控制系统的结构与硬件组成将控制系统从上而下分为 4 个控制层:离线编程控制层、中央控制层、EtherCAT 端子控制层、EtherCAT 端子盒控制层。图 9-2 所示为控制系统硬件组态图。

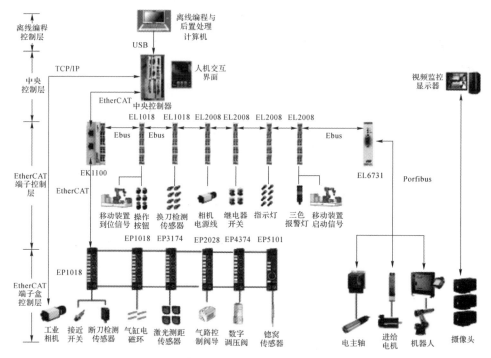

图 9 - 2　控制系统硬件组态图

9.1.1　离线编程控制层

离线编程生成的仅是机器人运动程序,而完整的加工程序需要机器人与末端执行器交互动作。有两种方式可以实现信号的交互:上位机协调和机器人协调。

1.上位机协调

上位机协调即将所有的协同交互动作(如法向检测、基准检测、调取制孔工艺参数等)均由工控机来统一协调管理。优点:无须对机器人程序做修改,将所有功能集成到上位机操作界面,系统集成性好,修改方便。但是也有很大的缺点:上位机操作界面须实时监控机器人运动程序中的点位信息,然后做出判断,调用不同的功能。操作界面开发平台为 Visual C♯.NET,运行在非实时环境Windows XP 上,利用非实时性程序来检测实时性的机器人点位信息加重了操作界面程序的复杂性,并且一旦 Visual C♯ 死机,则机器人、末端执行器、移动装置之间的协同交互将中断,机器人则不受控,很容易出现危险。

2.机器人协调

上位机操作界面只能实现与 TwinCAT 的通信以及加工信息的显示与存储,不包含任何制孔逻辑的判断,将所有的协同交互信号放在机器人程序中,通过 TwinCAT 软件的实时 PLC 扫描机器人程序中的交互信号来做出相应动作。优点:TwinCAT 软件对计算机硬件的操作权优于 Windows 操作系统,在操作系统死机的情况下,TwinCAT 实时系统仍可持续运行,能保证控制系统的可靠性和稳定性。缺点:须对机器人程序进行修改,继承性差,操作烦琐且不易修改。

为了制孔任务的安全稳定进行,本控制系统选择机器人作为协调单元。因此,需要后置处理机器人程序添加一些交互信号。在设备进行加工前,将离线编程与后置处理后的完整加工程序通过 USB 复制到机器人控制柜中。

9.1.2　中央控制层

控制系统选用 Beckhoff 工业控制计算机与控制面板。控制面板集成数字键盘、功能键、字母键和 PLC 扩展功能键,面板集成的 10 个 PLC 扩展功能键可根据需要编程设定各自专用功能,实现操作人员通过 PLC 扩展按钮快速完成相关功能的便捷控制。Beckhoff TwinCAT 控制系统运行在 Beckhoff 工控机中。

1.软件操作

中央控制层 TwinCAT 控制系统的操作软件是 TwinCAT 软件。它的主要作用是实现整个系统的通信,并通过控制软件使制孔设备能够有条不紊地进行工作。

TwinCAT 软件主要分为两部分:System Manager(系统管理器,配置整个控制系统变量)、PLC Control(PLC 控制器,编写 PLC 程序)。TwinCAT System Manager 作为组态软件,将不同硬件集成到同一平台下,可以实现硬件扫描配置、输入输出变量连接、系统调试诊断等。本控制系统 System Manager 中的硬件组态结构图如图 9-3 所示。

2.软件编程

TwinCAT PLC Control 支持所有的 IEC61131-3 编程语言,包括 2 种文本编程语言和 4 种图形编程语言。文本编程语言有指令表(IL)、结构化文本(ST)。图形编程语言有功能块图(FBD)、梯形图(LD)、连续功能图(CFC)、顺序功能图(SFC)。

在 TwinCAT PLC Control 中编写的程序由以下元素组成:结构、POU(程序组织单元)、全局变量。本控制系统采用结构化文本(ST)语言编程,可以用简短的指令创建功能强大的命令串。

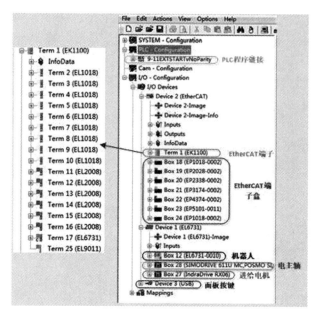

图 9-3　系统组态图

3.变量 AT 定义

TwinCAT PLC 定义变量需要用到 AT 方法。AT 声明变量的意义在于将一个有意义的名称分配给了一个地址,这使得一个输入或输出信号的任何变化只针对与之关联的变量。AT 声明只能用于本地变量和全局变量。%I * 表示本地输入,%Q * 表示本地输出。对于程序中不需要与输入输出信号关联的变量只须声明变量名字和类型。操作界面软件通过 TwinCAT.Ads.dll 中的函数创建句柄变量,将操作界面软件中的事件与 PLC 程序变量关联起来。

4.程序编写

程序总体结构分为主函数(main)与子函数功能块。子函数功能块类型有三种:Program、Function、Function Block。Program 功能块无须定义输入(即入口参数)与输出(即返回值)。Function 功能块须定义多个输入、一个输出。Function Block 功能块可以定义多个输入与输出。这些功能块有"实例化"概念,每个实例都有功能块自身的数据,从而可以采用面向对象的结构化编程形式。调用功能块时首先要将功能块实例化,然后用功能块的实例进行调用。

9.1.3　EtherCAT 端子控制层

EtherCAT 端子模块适合用于全球自动化领域内任何常用的数字量和模拟

量信号类型,具有通信速度快的特点。采用 Beckhoff 的 EtherCAT 端子,用户可在每个站上任意组合不同类型的信号。因此,一个单个的分布式 I/O 节点可配置所有需要的信号。传统的现场总线设备(如 PROFIBUS、ROFINET、CANopen、DeviceNet、Interbus 或 Lightbus)都可通过本地现场总线主站/从站端子模块轻松集成到 EtherCAT 系统中。

EtherCAT 端子模块安装在控制柜中,负责系统附件的一些传感器信号的采集和电源信号的控制。信号类型有数字量输入、输出。数字量输入端子模块 EL1018 负责换刀检测传感器、电主轴松拉刀状态检测传感器、控制柜上的按钮、移动装置到位信号的采集。数字量输出端子模块 EL2008 负责相机电源、控制机器人、进给电机、电主轴、真空吸屑泵、冷油机、雾化器开关的继电器、控制柜上的指示灯、三色报警灯、移动装置启动信号的控制。Profibus 主站端子模块 EL6731 负责与机器人、进给电机、电主轴进行通信。

Profibus 主站端子模块 EL6731 的功能与 Profibus PCI 接口卡 FC3101 的功能相似,通过 EtherCAT 连接,因此无须占用 PC 中的 PCI 插槽。在 EtherCAT 端子模块网络中,可以通过该端子模块集成任何数量的 Profibus 设备。

EK1100 耦合器用于将 EtherCAT 端子(ELxxxx)与 EtherCAT 网络相连。一个站由一个 EK1100 耦合器、任意多个 EtherCAT 端子和一个总线末端端子组成。EtherCAT 端子控制层的 EK1100 总线耦合器将 EtherCAT 端子上的数字量输入输出信号与 Profibus 信号耦合成 EtherCAT 通信协议,与中央控制器交互控制信号。

1.Profibus-DP 接线说明

Profibus 由 3 个兼容部分组成,即 Profibus-DP、Profibus-PA、Profibus-FMS。Profibus-DP 是一种高速低成本通信,用于控制系统与分散式 I/O 的通信,使用 Profibus-DP 可取代 24VDC 或 4~20 mA 信号的单独传输。Profibus-DP 接头的接线电路原理图如图 9-4 所示。

由图 9-4 可以看出,当开关拨到 ON 状态时,1、5 两针接入,整个线路电源接通,终端电阻接通。当开关拨到 OFF 状态,3、8 两针接入,表示数据信号接入,进出线路接通,终端电阻断开。可以简单记为:ON 状态表示接入终端电阻,OFF 状态表示断开终端电阻。一条线路上两端接头都要拨到 ON 状态,中间从站接头拨到 OFF 状态。因此,应把 Profibus 主站 Profibus-DP 接头放在线路一个终端,然后将从站串联下去,如图 9-5 所示。优点:只要 Profibus 主站通电,则 Profibus 通信就能接通,若串联线路中有一个从站 Profibus 通信失败,另外的从站不受影响。若将 Profibus 主站 Profibus-DP 接头放在中间,两个从站放在两端的话,则若两个从站 DP 接头不通电,则 Profibus 通信不能接通,串联线上的其他从站通信也不能接通。

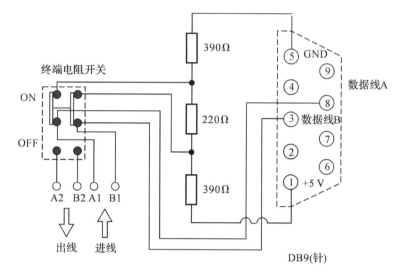

图 9 - 4　Profibus - DP 接头原理图

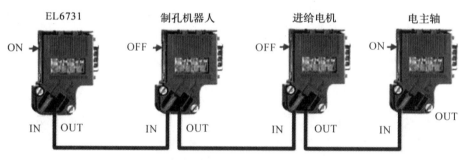

图 9 - 5　Profibus 接线图

2. 机器人的控制

机器人控制采用的是专用的机器人控制器,上位机通过 Profibus 通信协议与机器人控制柜进行数据交换。例如,KUKA 机器人的控制柜为 KR C4,内部通信为 EtherCAT 通信协议,且其拥有 EtherCAT 扩展总线接口 KEB,通过这个接口及 Beckhoff EK1100 耦合器和 Beckhoff Profibus 从站通信端子模块 EL6731 - 0010 建立 Profibus 从站,与上位机的 Profibus 主站模块 EL6731 连接,实现上位机与 KRC4 的 Profibus 通信。机器人控制结构如图 9 - 6 所示。

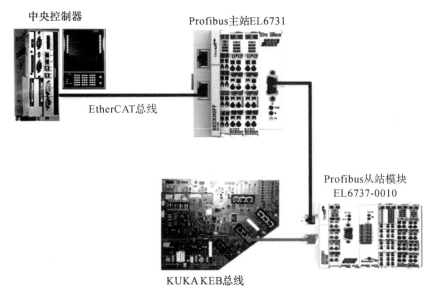

中央控制器

Profibus主站EL6731

EtherCAT总线

Profibus从站模块
EL6737-0010

KUKA KEB总线

图9-6 机器人控制结构图

机器人进程控制由中央控制器通过外部自动运行接口来实现。中央控制系统通过外部自动运行接口向机器人控制系统发出机器人进程的相关信号(如运行许可、故障确认、程序启动等)实现机器人工作步骤、模式以及相关参数配置等控制。机器人控制系统也通过外部自动接口向上级控制系统发送有关运行状态和故障状态的信息。为了能够使用外部自动运行接口,必须进行如图9-7所示的配置。

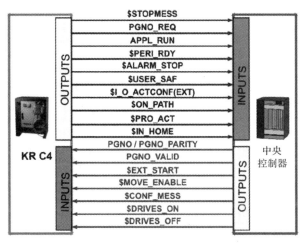

图9-7 机器人外部自动接口配置

9.1.4 EtherCAT 端子盒控制层

由于末端执行器上装有很多传感器,若线路直接接到控制柜上的 EtherCAT 端子模块,则过多的线路不但影响美观,而且线路过长会造成信号衰减,所以需要选择一种能直接安装在末端执行器上的端子模块。

EtherCAT 端子盒具有以下优点:

(1)EtherCAT 端子盒结构坚固,能够直接安装在设备上使用,不需要专用的接线盒;

(2)端子盒是完全密封的,因此非常适合用于潮湿、脏乱或多尘的恶劣工况;

(3)除了预装配的 EtherCAT 电缆、电源线及传感器电缆之外,还可提供可在现场配置的连接器和电缆,具有极大的灵活性;

(4)种类多,信号组合灵活。

本控制系统中 EtherCAT 端子盒安装在末端执行器上,负责末端执行器上信号的采集与控制。用到的类型见表 9-2。信号类型有数字量输入输出、模拟量输入输出、增量式编码器信号。数字量输入端子盒 EP1018 主要负责采集滑台限位开关、断刀检测传感器、气缸电磁环传感器信号。数字量输出端子盒 EP2028 主要实现气路阀岛的控制。模拟量输入端子盒 EP3174 完成用于法向检测的激光测距传感器的信号采集,其输入信号为 $-10/0\sim10$ V 电压信号或 $0/4\sim20$ mA 电流信号。模拟量输出端子盒 EP4374 主要控制数字比例调压阀,其输出信号为 $-10/0\sim10$ V 电压信号或 $0/4\sim20$ mA 电流信号。增量式编码器端子盒 EP5101 用于锪窝传感器信号的采集。

9.2 移动装置与机器人的交互控制

根据制孔设备工作流程,在转换工位时,移动装置与机器人需要交互动作。为了保证绝对安全,移动装置与机器人不能同时动作。本控制系统做了电源上的程序互锁,即移动装置浮动平台的液压锁锁紧以后机器人才能运动,机器人完成该工位的所有制孔任务后移动装置才能移位,如图 9-8 所示。

具体步骤如下:

(1)当移动装置移动到一个工位,降下浮动平台,锁扣缸锁紧时,移动装置到位信号 INAGVReady 置 1，移动装置到位信号接到 EtherCAT 端子模块的 EL1018 的一个输入上，进给电机、电主轴、冷油机上强电，可以动作，移动装置的麦克纳姆轮电机驱动器断强电，移动装置启动信号 OUTAGVStart 重置为 0。若按下急停按钮，则进给电机、电主轴、冷油机断强电。

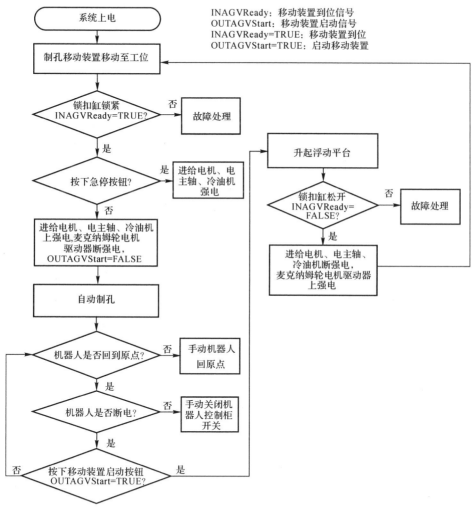

图 9 - 8　移动装置与机器人交互控制流程图

（2）在完成该工位全部制孔任务后，机器人回到零点，手动关闭机器人控制柜开关，确保机器人回到零位并且已断电，才能按下控制柜面板上的移动装置启动按钮，原因：若机器人强电不断，则机器人 6 个轴的电机处于抱闸状态，若路面

不平造成整体震动,有可能对机器人电机的抱闸状态造成影响,使机器人零点位置发生变化。

(3)按下启动按钮,移动装置启动信号 OUTAGVStart 置 1,移动装置的麦克纳姆轮电机驱动器上强电,可以动作。在松开锁扣缸的同时,移动装置到位信号 INAGVReady 置 0,检测到该信号置 0,进给电机、电主轴、冷油机全部断强电。目的:在小车运动过程中,断开机器人与末端执行器上元器件的电源,则操作界面上的任何按钮都不会起作用,防止了在小车运动过程中工人的误操作而导致机器人动作。

程序实现如下:

```
IF(INAGVReady＝FALSE)THEN
OUTVacuumPump：＝FALSE;        //真空吸屑泵强电关
OUTCooling：＝FALSE;           //冷油机强电关
OUTAdvanceMotor：＝FALSE;      //进给电机强电关
OUTPrincipalAxis：＝FALSE;     //电主轴强电关
timerClosePower(IN：＝ FALSE);
ELSE
IF(INflag_ROB_CAL＝FALSE)THEN//若机器人没有关,则不能断强电,不能发信号
OUTVacuumPump：＝FALSE;
OUTCooling：＝FALSE;
OUTAdvanceMotor：＝FALSE;
OUTPrincipalAxis：＝FALSE;
        timerClosePower(IN：＝ FALSE);
RiseAGVStart(CLK：＝ ButtonAGVStart);   //按下面板移动装置气动按钮
IF(RiseAGVStart.Q)THEN
OUTAGVStart：＝TRUE;
END_IF
ELSE
OUTAGVStart：＝FALSE;
OUTCooling：＝TRUE;   //冷油机强电开
OUTAdvanceMotor：＝TRUE;   //进给电机强电开
OUTPrincipalAxis：＝TRUE;   //电主轴强电开
IF(AGVEmergencyStop＝TRUE)THEN
OUTVacuumPump：＝FALSE;
OUTCooling：＝FALSE;
OUTAdvanceMotor：＝FALSE;
```

```
OUTPrincipalAxis：＝FALSE；
OUTMicroMotor：＝FALSE；
timerClosePower(IN：＝ FALSE)；
END_IF
END_IF
END_IF
```

|9.3　机器人与末端执行器的交互控制|

移动机器人制孔设备在制孔过程中，机器人主要起到定位的作用，末端执行器是最终执行机构。制孔设备的自动换刀、法向调平、基准检测、钻孔循环、试刀等都需要机器人与末端执行器交互动作，因此合理有效地设计两者之间的交互控制信号显得尤为重要。

9.3.1　交互信号定义

由于本控制系统选用的是机器人协调的方式，所以需要通过后置处理软件添加各种交互信号。交互控制信号统计见表9-3。

表9-3　机器人与末端执行器交互控制信号

功　能	信号方向	信号类型	信号含义
自动换刀	KRC->PLC	BOOL	开始换刀
	KRC->PLC	BOOL	松刀
	KRC->PLC	BOOL	拉刀
	KRC->PLC	BOOL	结束换刀
	PLC->KRC	BOOL	动作完成
法向调平	KRC->PLC	BOOL	法向调平开始
	PLC->KRC	BOOL	法向是否大于 $0.5°$，是否进行法向调平
	PLC->KRC	REAL	法向偏角 A、B

续　表

功　能	信号方向	信号类型	信号含义
基准找正	KRC—>PLC	BOOL	基准找正开始
	PLC—>KRC	BOOL	找正结束
钻孔循环	PLC—>KRC	REAL	Δx、Δy、Δz
	KRC—>PLC	BOOL	机器人到位
	PLC—>KRC	BOOL	钻孔完成
试刀	KRC—>PLC	BOOL	机器人到位
	PLC—>KRC	BOOL	下一点试刀
	PLC—>KRC	BOOL	试刀完成
钻孔工艺参数	KRC—>PLC	BYTE	钻孔工艺参数号

　　以下以自动换刀为例说明机器人与末端执行器之间的交互控制过程,图 9-9 所示为自动换刀交互控制流程图。机器人首先带着末端执行器运动到一个换刀安全位置,然后向 PLC 发送开始换刀信号,PLC 在收到信号后给压力脚与进给电机发送信号,使压力脚伸出,电主轴退回到某一校验好的换刀位置,保证刀具完全脱离压力脚。然后反馈给机器人该步骤完成的信号,机器人在收到信号后运动到换刀的刀架处,待刀具支架夹住刀柄后,向 PLC 发送松刀信号,PLC 在收到信号后给专门控制松刀的电磁阀发送控制指令,通过电主轴上的松拉刀状态检测传感器检测电主轴上是否有刀具,若检测判断为无,说明已完成松刀,反馈给机器人松刀步骤完成信号。机器人在收到信号后运动到拉刀刀架处,待电主轴与刀柄处于配合状态时,向 PLC 发送拉刀信号,PLC 在收到信号后给专门控制拉刀的电磁阀发送控制指令,通过电主轴上的松拉刀状态检测传感器检测电主轴上是否有刀具,若检测显示有刀具,说明已完成拉刀,反馈给机器人拉刀步骤完成信号。机器人在收到信号后运动到安全换刀位置,向 PLC 发送结束换刀信号,PLC 在收到信号后给压力脚与主轴单元发送信号,使压力脚缩回,电主轴回零,待电主轴回到零位后,反馈给机器人该步骤完成信号。机器人检测到信号后回零。即完成了整个自动换刀过程。

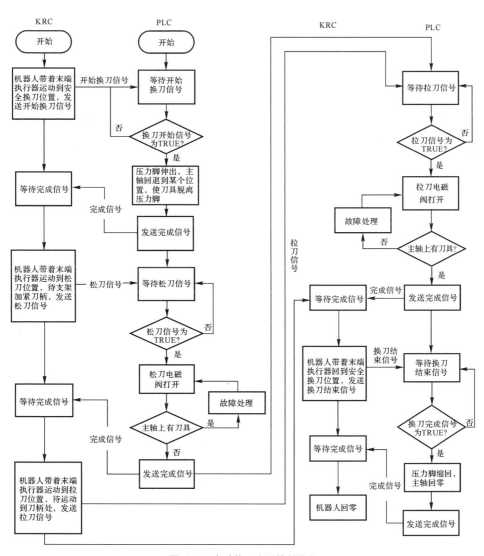

图 9 - 9　自动换刀交互控制流程

若要实现机器人与末端执行器之间的交互控制,必须定义好通信规则。

9.3.2　通信规则

由于 Profibus - DP 的每个 DP 从站的输入输出数据为字节形式,且最大为 246 B,所以先在机器人的变量配置软件 WorkVisual 里配置 64 B,即 1 024 b。

每个交互信号定义好占用某个字节,或者某个字节的某一位,信号类型分为 9 类:BOOL(1 b)、SINT(8 b)、BYTE(8 b)、INT(16 b)、DINT(32 b)、WORD(16 b)、DWORD(32 b)、REAL(32 b)、LREAL(64 b)。变量在 WorkVisual 里要分配好相应的端口号,在 PLC 里面调用对应的字节号。

1.机器人变量链接

机器人里的变量定义放在 sps.sub 程序中。机器人包括 robot 编译器和 submit 编译器,机器人系统一启动,submit 编译器便开始运行。系统程序 sps.sub 运行在 submit 编译器下,因此 sps.sub 中的 LOOP 循环随着机器人系统的启动开始运行。

sps.sub 程序提供用户变量定义段和用户 PLC 程序段。信号通过 SIGNAL 关键字链接到机器人的输入输出端口上,这些 SIGNAL 类型变量的定义在 sps.sub 程序中的用户变量定义段完成,然后在用户 PLC 程序段将需要实时监控的机器人系统变量赋给自定义的变量,实现对机器人某些状态的实时监控,例如机器人当前 TCP 点在世界坐标系下的坐标、机器人当前运行速度、距下一点的距离等。不需要实时监控的信号则放在机器人 CELL 程序(即主函数)里。由于机器人的某些状态量是 real 类型,而 Profibus 只能传输字节类型,所以需要做这样的处理:在机器人分端口号时将分配到该端口号的变量乘以 100、1 000 或 10 000(具体根据小数点后的位数而定)转换为整数类型,然后通过 Profibus 总线传输到 PLC 后再除以 100、1 000 或 10 000。例如:

```
//＊＊＊＊＊＊＊＊＊＊＊＊＊＊＊＊＊机器人 sps.sub＊＊＊＊＊＊＊＊＊＊＊＊＊
DEF SPS（）
…….
;FOLD USER DECL//要监控的用户变量定义
SIGNAL VELACT＄OUT[337] TO＄OUT[368];//机器人当前速度
DECL E6POS R_POS;//定义 E6POS 结构体存储当前点的坐标
SIGNAL POSACTX＄OUT[33] TO＄OUT[64];//当前点 X 坐标
…….
;ENDFOLD (USER DECL)
;ENDFOLD (DECLARATIONS)
…….
LOOP
;FOLD USER PLC 用户 PLC
R_POS＝＄POS_ACT;//把系统变量＄POS_ACT 赋给自定义的 R_POS
POSACTX＝R_POS.X＊1000;//传给 PLC 之前乘以 1 000 变为整数
```

......

VELACT＝＄VEL_ACT＊1000   //real 类型变量乘以 1 000

；ENDFOLD（USER PLC）

ENDLOOP

//＊＊＊＊＊＊＊＊＊＊＊＊＊＊机器人 CELL 程序＊＊＊＊＊＊＊＊＊＊＊

SIGNALPARANUM ＄OUT[769] TO ＄OUT[776];//工艺参数号

SIGNALWARPA ＄OUT[241] TO ＄OUT[272];//法向调平偏差 A

SIGNALWARPB ＄OUT[273] TO ＄OUT[304];//法向调平偏差 B

....

2.TwinCAT PLC 变量链接

TwinCAT System Manager 能将 Profibus 总线上的所有从站的通信字节数扫描出来。变量链接如下：

PROGRAM MAIN

VAR

Velact：REAL；

PositionDisplayX：REAL；

TechParaNum：USINT；//无符号 8 位

NormalResultA：REAL；

NormalResultB：REAL；

NormalValue：SendComand；

kukaStatus AT ％I＊：ARRAY[0..63]OF WORD；

END_VAR

//获取机器人运动速度

Velact：＝GetKukaPosition（MotorStatus1：＝kukaStatus[18]，MotorStatus2：＝kukaStatus[19]）；

//获取 kuka 实时位置

PositionDisplayX：＝GetKukaPosition(MotorStatus1：＝kukaStatus[2]，

MotorStatus2：＝kukaStatus[3])；

//工艺参数号

TechParaNum.0：＝kukaStatus[45].0；

TechParaNum.1：＝kukaStatus[45].1；

TechParaNum.2：＝kukaStatus[45].2；

TechParaNum.3：＝kukaStatus[45].3；

TechParaNum.4：＝kukaStatus[45].4；

TechParaNum.5：＝kukaStatus[45].5；

TechParaNum.6：＝kukaStatus[45].6；

TechParaNum.7：=kukaStatus[45].7;

//获取法向调平偏角 A、B

NormalValue（FeedCommand：= NormalResultA，Shift：= 10000，output1 = >kukaControl[15],

output2＝>kukaControl[14]）;

NormalValue（FeedCommand：= NormalResultB ，Shift：= 10000，output1 = >kukaControl[17],

output2＝> kukaControl[16]）;

GetKukaPosition 是 Function 子函数功能块,功能是将 DWORD 类型转换为 REAL 类型,输入是 Profibus 从站中的两个 WORD 类型,输出是主站中需要的 REAL 类型。NormalValue 是 SendComand 功能块的一个实例化对象,SendComand 是一个 FunctionBlock 子函数功能块,功能是将 REAL 类型转化为 WORD 类型,输入是主站中 REAL 类型的数值与比例因子,输出是从站中的 WORD 类型。

根据机器人 WorkVisual 中配置的端口号可以看出,机器人的速度对应的端口号为 OUT[337]～OUT[368],按照 WORD 顺序是 kukaStatus[18]、kukaStatus[19]。工艺参数号在 WorkVisual 中对应的端口号为 OUT[769]～OUT[776],为一个 BYTE 类型,按照 WORD 的顺序是 kukaStatus[45]的低八位。法向调平偏角 A、B 为 REAL 类型,且保留小数点后四位,因此要将此数据发送给机器人控制柜,令机器人按照相应的数值调整,需要乘以 10 000 转化为 INT 类型,因此输入值为两个:一个 REAL 类型的数值和一个比例系数 10 000,在机器人 WorkVisual 中分配的端口是偏角 A 为 OUT[241]～OUT[272],偏角 B 为 OUT[273]～OUT[304],按照 WORD 顺序是偏角 A 为 kukaStatus[14]、kukaStatus[15],偏角 B 为 kukaStatus[16]、kukaStatus[17]。

9.3.3　中央控制层与上位机操作界面的交互控制

为方便工人操作,设备应具备友好的人机交互界面。上位机操作界面的主要作用是给用户提供操作该移动机器人制孔设备的人机接口,辅助中央控制层完成制孔设备所有功能的调度与管理。人机交互界面应具备自动制孔操作功能,机器人与末端执行器单步运动功能,制孔位置、主轴转速、进给距离、工件压紧力等参数实时显示功能以及各工艺参数设置功能。

上位机操作界面与中央控制层的交互控制是通过 Beckhoff 公司提供的

ADS 协议完成的。上位机操作界面开发平台为 Visual C♯.NET,运行在 Beckhoff 的非实时环境 Windows XP 上,界面软件采用面向对象技术和基于组件的设计思想进行设计,因此程序具有重用性、灵活性和扩展性。自动化设备规范(Automation Device Specification,ADS)为设备之间的通信提供路由。ADS 服务由 TwinCAT 服务程序提供,当 PLC 中需要调用上位机操作界面的操作功能时,是通过 ADS 命令来驱动 TwinCAT 服务(如文本文件读写、事件驱动、获取系统时间等)来完成的。

TwinCAT.Ads.dll 库用于 TwinCAT 与.NET 平台进行通信。NET 平台调用流程图如图 9-10 所示,根据流程图可以编写关于 TwinCAT ADS 读写不同类型变量的功能类,用于上位机操作界面软件与 TwinCAT 之间的通信。

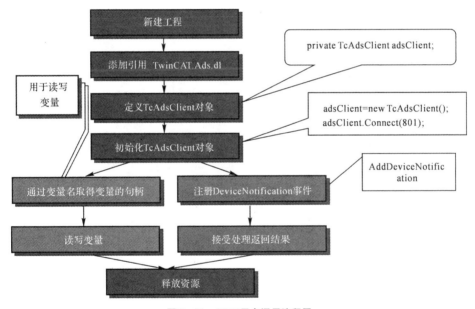

图 9-10 .NET 平台调用流程图

根据图 9-10,本节设计 ADSReadWrite 类库,当界面窗体或工程与 TwinCAT 交互变量时,只须添加 ADSReadWrite 类库的引用、生成类库的实例就可以调用这个类库中的字段和方法。ADSReadWrite 类库主要包括 1 个字段、9 个方法:①通信错误 Error 字段;②通信连接;③通信关闭;④读 BOOL 类型变量;⑤写 BOOL 类型变量;⑥读 INT 类型变量;⑦写 INT 类型变量;⑧读 REAL 类型变量;⑨写 REAL 类型变量;⑩写 SINT 类型变量。

程序实现如下:

```
// * * * * * * * * * * * * * ADS 通信的连接函数 * * * * * * * * * * * * * *
private TcAdsClient tcclient;//定义 ADS 客户端
public void Connect()
{
    tcclient = new TcAdsClient();//实例化 ADS 客户端
    tcclient.Connect(801); //TwinCAT 默认端口为 801
  }
// * * * * * * * * * * * * ADS 通信关闭函数 * * * * * * * * * * * * * * * * *
public void close()
  {
tcclient.Dispose();//注销生成的 TwinCAT 实例
  }
// * * * * * * * * * * * * 写 bool 型 PLC 变量的函数 * * * * * * * * * * * * *
public void writeBool(string boolName, bool value)
  {
//创建句柄
try
{
hvar = tcclient.CreateVariableHandle(boolName);
}
catch (Exception err)
    {
        error="get hvar error";
    }
AdsStream datastream = new AdsStream(1);   //bool 值为 1
BinaryWriter binwrite = new BinaryWriter(datastream);
    datastream.Position = 0;
//写值
try
{
        binwrite.Write(value);
        tcclient.Write(hvar, datastream);
    }
catch (Exception err)
    {
        error="write value error";
```

```
        }
//删除句柄
try
        {
            tcclient.DeleteVariableHandle(hvar);
        }
catch (Exception err)
        {
            error=" write delect hvar error";
}
        }
// * * * * * * * * * * *读 bool 型 PLC 变量的函数 * * * * * * * * * * * *
public void readBool(string boolName, out bool value)
    {
//创建句柄
try
        {
            hvar = tcclient.CreateVariableHandle(boolName);
        }
catch (Exception err)
        {
            error="get hvar error";
        }
//读值
AdsStream datastreambool = new AdsStream(1);
BinaryReader binreadbool = new BinaryReader(datastreambool);
        datastreambool.Position = 0;
try
        {
            tcclient.Read(hvar, datastreambool);
            value = binreadbool.ReadBoolean();
        }
catch (Exception err)
        {
            error="read value error";
            value =false;
```

```
            }
    //删除句柄
    try
        {
                tcclient.DeleteVariableHandle(hvar);
        }
    catch（Exception err）
        {
                error="read delect hvar error";
        }
    }
```

上位机操作界面调用定义在 MAIN 函数中的变量时须在变量名前加 "MAIN."，若调用定义在 GOLBAL 里的变量，则在变量名前仅加 "·"即可。

```
ads.readReal("MAIN.Velact",out vel)；      //获取机器人实时速度值
ads.readReal(".PositionDisplayX", out kuka_x)；  //获取机器人实时坐标 X 值
```

第 10 章

离线编程技术

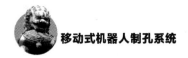

|10.1 机器人离线编程技术概念|

工业机器人的编程方法是与机器人所采用的控制系统相一致的,因而机器人运行程序的编制也有不同的方法。常用的机器人编程方法有示教编程法和离线编程法。

1.示教编程

示教编程就是指通常所说的手动示教,使用示教盒示教或操作杆等示教。在这种示教中,为了示教方便以及获取信息的快捷而准确,操作者可以选择在不同坐标系下示教,例如,可以选择在关节坐标系、直角坐标系、工具坐标系或用户坐标系下进行示教。

2.离线编程

机器人离线编程系统是利用计算机图形学的成果建立起机器人及其工作环境模型,通过对图形的控制和操作,在离线的情况下进行机器人的轨迹规划,完成编程任务。离线编程和仿真系统包括主控模块、机器人语言处理模块、运动学及规划模块、机器人及环境三维构型模块、机器人运动仿真模块和系统通信等不同模块。该系统的工作过程如下:首先用系统提供的机器人语言,根据作业任务对机器人进行编程,所编好的程序经过机器人语言处理模块进行处理,形成系统仿真所需的第一级数据;然后对编程结果进行三维图形动态仿真,进行碰撞检测和可行性检测;最后生成所需的控制代码,经过后置处理将代码传到机器人控制柜,使机器人完成所给定的任务。

示教编程主要有以下优、缺点:

(1)编程简单易学,程序修改快捷方便;

(2)在线示教编程过程烦琐、效率低;

(3)精度完全靠示教者的目测决定,而且对于复杂路径,在线示教编程难以取得令人满意的效果;

(4)示教过程容易发生事故,轻则撞坏设备,重则撞伤人;

(5)示教编程时,占用生产时间,降低生产效率,提高生产成本;

(6)缺乏柔性,在工况相似的情况下,无法利用相似程序,仍需重新编程。

当机器人运动轨迹过于复杂、精度要求过高时,相比于示教编程,离线编程具有以下诸多优点:

(1)编程时不占用机器人,可脱离现场生产进行编程任务;

(2)可预先优化操作方案和运行周期时间;

(3)可有效提高机器人相对运动精度;

(4)可根据仿真环境中的三维模型,生成复杂加工轨迹的机器人控制程序;

(5)可满足小批量、多品种的柔性生产要求;

(6)可改善编程环境,便于和 CAD/CAM 系统结合。

随着国家大力发展机器人应用和生产,国内制造装配行业逐步加大对机器人的使用和研发。目前国内工业机器人简单工作任务的编写主要采用手动示教方式,对于复杂任务,离线编程的应用还没有达到预期效果,在一定程度上影响了机器人的应用和发展。根据我国现阶段工业机器人的应用和发展情况,机器人的离线编程与仿真技术是工业机器人领域需要重点发展的新技术之一。

如今大部分工业机器人生产厂商针对机器人离线编程与仿真部分开发了专用的编程软件系统,比如 KUKA 公司的 KUKA SIM 系列软件、FUNAC 公司的 RoboGuide 软件、ABB 公司的 ABB RobotStudio 软件、安川机器人公司的 MotoSim 软件等。针对不同厂商、不同型号的机器人,一些国内外软件公司开发的通用仿真软件系统主要有 RobotMaster、RobCAD、DELMIA、RobotArt 等。

10.2 机器人离线编程系统

机器人离线编程系统是机器人语言编程的扩展,它利用计算机图形学的成果,建立机器人和周围环境的几何模型,通过一系列的路径规划算法,结合机器人几何学、运动学知识,通过对图形的控制和操作,在离线的情况下完成指定任务的轨迹规划编程,通过对编程结果进行运动学和动力学等方面的仿真,检验程序的正确性和合理性,最后将生成的机器人代码传送到机器人控制系统,控制机器人的动作,完成指定任务。一个完整的离线编程系统通常涵盖以下几部分:

(1)所编程的指定任务的相关专业知识;

(2)机器人及其工作环境的三维模型;

(3)机器人几何学、运动学、动力学的相关知识;

(4)基于图形显示的软件系统、可进行机器人运动的图形仿真;

(5)路径规划和碰撞检测算法;

(6)传感器的接口和仿真,通信接口模块,可以完成离线编程系统生成的机器人代码与机器人控制系统之间的通信;

(7)用户接口模块,可以提供有效的人机界面,便于进行人工干预和系统操作。

此外,由于离线编程是基于机器人及其周围环境的三维模型进行的编程,三维模型不可能完全与现实工作环境相符,故离线编程系统应该能够计算三维模型和实际模型之间的误差,并尽可能地减少二者之间的误差。

由上述内容可知,机器人离线编程系统主要由以下几个模块组成:传感器模块、机器人及环境建模模块、离线编程及轨迹规划模块、并行处理模块、图形仿真模块、人机交互模块、后置处理模块。

(1)传感器模块:在实际机器人系统中,可能安装有各种类型数量不一的传感器。在离线编程系统中,对这些传感器进行建模和仿真是十分必要的,应使其更加贴近实际的工作状态。

(2)机器人及环境建模模块:机器人的离线编程系统是建立在机器人及其工作环境的三维模型的基础之上的。因此,这是必不可少的一个模块。

(3)离线编程及轨迹规划模块:离线编程系统需要进行关于完成指定任务的路径规划。这不仅要求机器人进行静态位置的运动学计算,还要求对机器人在工作空间的运动轨迹进行规划。

(4)并行处理模块:有些场合涉及两台或多台机器人协同完成同一项任务,甚至很多情况下,机器人也需要和变位机等装置配合。这就要求离线编程系统可以对多个设备同时进行仿真。

(5)图形仿真模块:图形仿真模块是机器人离线编程很重要的一个组成部分。它对规划好的轨迹运行过程进行了图形上直观的验证,可以很好地向编程者反映机器人的运动和工作状况,直观地展现了机器人的轨迹规划是否合理,运动过程是否干涉碰撞,同时也对编程者后续的轨迹优化提供了支持。而且,图形仿真为实际过程中的运动情况进行了最大程度的预测参考。

（6）人机交互模块：友好的人机界面可以提高用户的体验水平，更加便于用户学习和使用系统，从系统中获取加工数据，对加工过程进行实时控制。

（7）后置处理模块：后置处理就是将离线编程的源代码程序编译成机器人可以识别的机器人目标程序，对其中的部分语句进行替换或者添加，得到完整的可以实现目标任务的程序。

机器人离线编程系统组成如图 10－1 所示。

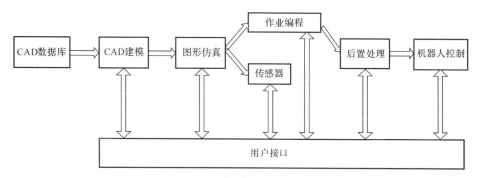

图 10－1　机器人离线编程系统组成

｜10.3　关于 DELMIA 软件｜

IGRIP 是成立于 1985 年的美国 Deneb Robotics 公司推出的交互式机器人图形编程与仿真软件包。IGRIP 是 Interactive Graphic Robot Instruction Program 的缩写。这是一种双向操作的软件，可显示三维图像。IGRIP 和 ULTRA 产品是专业机器人模拟软件，应用于机器人的设计、评估以及机器人离线编程等。通过将机器人、周边设备、机器人运动、机构运动及 I/O 输出入逻辑等因素融合为一体，IGRIP 和 ULTRA 产品能生成精确的模拟及相关程序输出，优化机器人在车间的布置、运转和循环时间等，减少机器人与周边设备及环境之间可能产生的碰撞，这些都将大大减少设备成本以及机器人程序的调整时间。

Dassault Systemes（达索系统集团）于 1996 年在上市，1997 年收购了 Deneb 公司和 SolidWorks 公司。2000 年 6 月，达索公司整合旗下 Deneb、Delta 和 Safework 三家软件公司组成美国 DELMIA 公司。DELMIA 是 Digital

Enterprise Lean Manufacturing Interactive Application(数字化企业精益制造集成式解决方案)的缩写,提供以生产工艺过程为中心的最全面的数字制造方式与解决方案,可全面满足制造业中按订单生产和精益生产等分布式敏捷制造系统的数字仿真需求。

DELMIA 在航空、航天、汽车以及船舶等方面应用广泛,是一个集设计、制造、维护、人机过程为一体的仿真平台。虽然其只是达索 PLM(Product Life Management) 的子系统,但其本身具有一个完善的体系结构,包括:

(1)面向制造过程设计的 DPE;

(2)面向物流过程分析的 QUEST;

(3)面向装配过程分析的 DPM;

(4)面向人机分析的 Human;

(5)面向机器人仿真的 Robotics;

(6)面向虚拟数控加工仿真的 VNC。

可见 DELMIA 体系丰富,可贯穿整个产品开发周期的始终。

另外,DELMIA 可以与 CATIA 无缝连接,有着与 CATIA 相同的操作方式与系统界面,对于产品的三维设计、虚拟装配、仿真规划、离线编程等具有很高的兼容性。

DELMIA 软件以基于物理的虚拟设计与制造、虚拟机器人等模块表现最为优异。该软件能显著降低工程准备时间,提高仿真精度。利用 DELMIA/IGRIP 可以实现与其他 CAD 软件的无缝对接,快速布局各种工作单元,同时还具备自动碰撞检测功能。不管是对单个机器人作业单元还是整个工厂生产线,IGRIP 都能提供相应的解决方案以提高制造质量、精度和效益。

离线编程层可在 DELMIA/IGRIP 环境下完成机器人自动制孔系统(RADS)的制孔可达性分析和机器人离线编程。制孔可达性分析的结果可以作为工位划分、移动平台上设备布局的依据;机器人离线编程可以生成最优加工路径,缩短程序开发周期,减少碰撞。

|10.4　机器人离线编程操作|

本书所用的机器人为 KUKA KR500 - 1,机器人所执行的制孔程序主要利用的是 DELMIA 离线编程模块——资源详细信息中的 Device Task Definition、Robot Offline Programming 以及辅助模块 Device Building。

RADS 利用 DELMIA 离线编程平台生成机器人加工运动程序。DELMIA

中生成的机器人运动程序经后置处理,添加必要的与末端执行器的接口信号,如"set""wait"等,得到完善的机器人制孔程序。这些接口信号用来实现机器人与末端执行器在制孔过程中的交互控制。制孔设备控制系统通过读取机器人程序中的接口信号,协调机器人与末端执行器的运动控制,完成整个制孔过程。

在 DELMIA 虚拟环境中,离线编程具体包括工装产品数模的处理及孔位信息提取、制孔设备总体布局、制孔路径规划、制孔路径仿真、生成机器人离线程序以及后置处理等,详细的基于 DELMIA 的离线编程流程如图 10 - 2 所示。

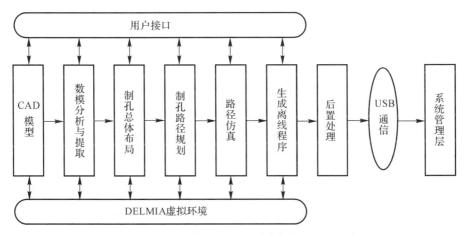

图 10 - 2 基于 DELMIA 的离线编程流程

10.4.1 导入产品和工装的三维模型并布局

虚拟规划与离线编程涉及的三维模型包括制孔设备模型和工装产品模型:制孔设备模型包括制孔移动平台、机器人、制孔末端执行器等;工装产品模型包括工装夹具、被加工件等。

打开 DELMIA,选择"开始"—"资源详细信息"—"Device Task Definition",打开主要的机器人离线编程环境,操作步骤如图 10 - 3(a)所示,打开的 Device Task Definition 界面如图 10 - 3(b)所示。

然后将机器人自动化制孔设备模型和工装产品模型依次加载到"Device Task Definition"环境中,加载方式如图 10 - 4 所示。

通过插入产品选项—"Insert Product"插入工装产品。

通过插入资源选项—"Insert Resource"插入机器人底座、末端执行器及移动平台。

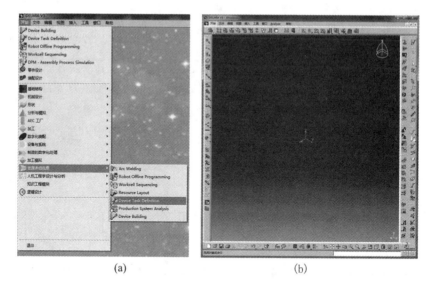

图 10-3　DELMIA 软件及仿真模块

(a)DELMIA 软件；(b)Device Task Definition 界面

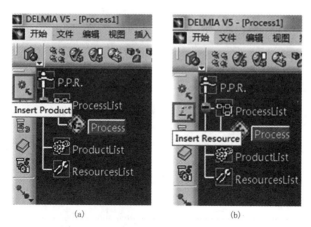

图 10-4　导入产品和资源

(a)插入产品；(b)插入资源

　　DELMIA 软件还提供一套标准件库,包含基本零部件和大部分机器人生产厂商的工业机器人模型。图 10-5 所示为 DELMIA 的 Catalog Browser,里面包含了 DELMIA 提供的 KUKA 机器人模型,图 10-6 所示为导入 KUKA KR500 机器人到仿真环境的操作步骤。

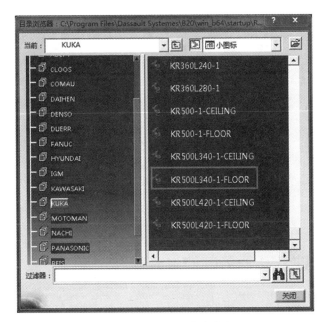

图 10 - 5　DELMIA 标准件库

图 10 - 6　从 DELMIA 库中添加 KUKA 机器人

　　根据实际生产布置方案,合理布局导入的产品和资源的位置关系,图 10 - 7 所示为布局完成后的离线编程环境。这样的工作环境具有虚拟仿真的作用,可以规划整个生产流程,及时发现加工工艺中存在的问题并予以修正。

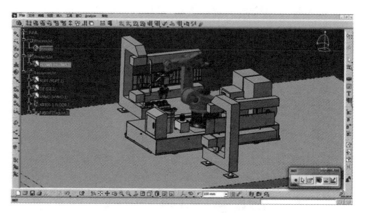

图 10-7　布局完成的离线编程环境

10.4.2　创建制孔任务前的准备工作

1.三维模型分析与点位提取

工装、产品的数字模型是在 CATIA V5R20 中设计的,包括工装、产品实体特征及孔位信息等。在产品的三维模型上并没有孔的实体特征,机械设计人员使用".part"格式的设计孔位信息表示模型中孔的位置,因此进行离线编程和仿真时无法直接使用此类孔位信息,须经提取转换成工艺孔位信息,才能用于编程。将产品模型加载到"Device Building"环境中,在设计孔位上创建孔坐标系,并将孔坐标系 tag 映射到前后梁和蒙皮表面。孔坐标系坐标轴的方向,确定了孔的轴线方向及制孔时末端执行器的姿态,也在一定程度上影响着找基准程序的准确性和快捷性。

图 10-8 所示为提取孔位信息后,自动创建生成的 Tag 点群。

2.机器人及末端执行器参数设置

根据制孔需要修改或创建机器人相关设置与参数,如机器人的"Home Positions""Travel Limits""Tool Profile""Motion Profile"等。已在 CATIA 中设计好的制孔末端执行器需要在 DELMIA 中创建压力脚伸出压紧与缩回、主轴进给与退回的运动机制。在末端执行器法兰上创建"Base"坐标系,作为末端执行器与机器人装配参考坐标系;在刀具刀尖上创建"Tool1"坐标系,作为加工程序的参考坐标系;在相机光源所在平面创建"Tool2"坐标系,作为找基准程序的参考坐标系。

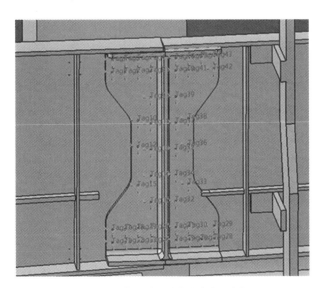

图 10 - 8　提取孔位信息生成点群坐标

10.4.3　制孔可达性分析

考虑到机器人臂展和包络空间有限,因此对 RADS 进行可达性分析,分析结果如图 10 - 9 所示。检验制孔设备在特定布局环境下是否可达,使虚拟仿真过程更加贴近现实。

自动制孔设备的可达性不仅与设备和工装之间的间距有关,而且与机器人在特定位置的运动学逆解脱不开干系。六自由度机器人的运动学逆解是一项十分繁重的工作。DELMIA/IGRIP 软件内置机器人运动学逆解算法,不仅可以看到机器人对应点逆运动学的各种解,还对这些解进行了奇异性分析,并从中选择恰当逆解。

如图 10 - 10 所示,进行制孔可达性分析时,选取每个工位内末端执行器需要到达的 7 个极限点:左上角点、左下角点、右上角点、右下角点、中间最低点、中间点和中间最高点,分析在此种工位划分和末端执行器抓取方式下,机器人制孔时的可达性、姿态、与工装的干涉情况。

对于中间某些具有奇异性质的点,以及机器人是否在可制孔范围内形成奇异点,也要进行仿真模拟。奇异点的存在也在一定程度上影响了机器人制孔的效率和精度,因此提前仿真机器人制孔可达范围,对后面机器人加工工艺的确定、制孔路径的选取具有指导意义。

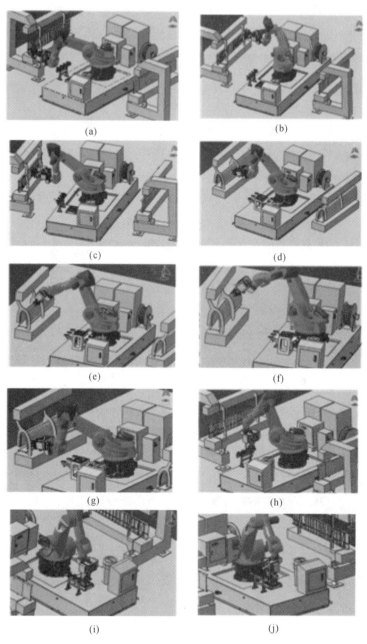

图 10-9 移动机器人自动制孔设备制孔仿真图

(a)前梁工位 1 左下极限点；(b)前梁工位 1 右上极限点；(c)前梁工位 1 中间点；(d)前缘工位 1 中下极限点；

(e)前缘工位 1 中上极限点；(f)前缘工位 1 左上极限点；(g)前缘工位 1 左下极限点；

(h)刀库里侧极限位置；(i)刀库外侧极限位置；(j)验刀检验位置

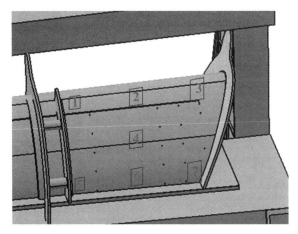

图 10 - 10　可达性分析 7 个极限点示意图

经过对不同工位划分和末端执行器不同抓取方式的可达性分析,最终末端执行器与机器人采用直连方式,前缘蒙皮的具体工位划分如图 10 - 11 所示。

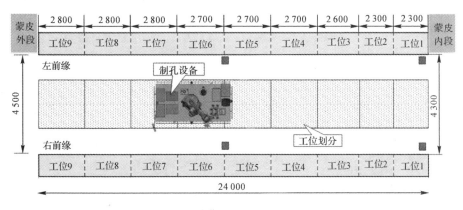

图 10 - 11　前缘蒙皮工位划分图(单位:mm)

注:▨ 制孔区域　▭ 行驶区域　▨ 移动装置引导线　■动力、气源及通信接口

同时对制孔设备的自动换刀、试刀校验、基准检测等工作进行仿真分析,为刀库结构设计以及试刀校验台、刀库等在机器人移动平台上的空间布局提供有效依据。

10.4.4　制孔路径规划

制孔路径规划的理论依据是自动制孔设备的运动包络体在与工装、工件、刀

库等其他设备不发生干涉和碰撞的情况下尽量最短。用户可通过鼠标与DELMIA系统进行交互式操作,生成机器人的制孔路径。

DELMIA中机器人路径由标签点(Tag Point)确定。若想控制机器人沿特定路径运动,则需要沿该路径示教若干个示教点。示教点的位置及姿态决定机器人的路径、末端执行器以及机器人的姿态。示教点的示教需要参考在孔位信息提取过程中添加的Custom坐标点,并在DELMIA示教器完成。通过在示教器中选择点的类别"viapoint"还是"process"来区分制孔的过程点和加工点。

为保证规划的机器人路径无碰撞及干涉现象发生,需要在机器人路径中添加路径点并调整机器人到达路径点的姿态。采用以上方法,不仅可以使机器人具有较好的运动学性能,还可以避免产生机器人单轴速度、加速度过大的现象。

图 10-12 所示为在 DELMIA 中规划的无碰撞制孔路径,$P_1 \sim P_5$ 为前缘蒙皮制孔点,在每个制孔点上方 200 mm 处均添加路径点,最终规划的无碰撞制孔路径为 HOME — P_1 — P_2 — P_3 — P_4 — P_5 — HOME。

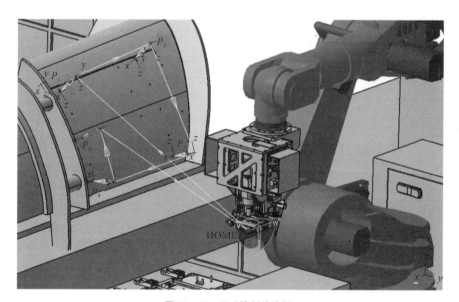

图 10-12 无碰撞制孔路径

10.4.5 创建制孔任务

创建制孔任务包括创建机器人任务对机器人进行路径规划、创建末端执行器制孔任务。

1.创建制孔任务前的准备工作

创建制孔路径前需要切换到"Robot Offline Programming"环境中给机器人添加工具坐标系 Tool 和工件坐标系 Base,选择"Native Robot Language Teach",然后在结构树 PPR 中选择机器人,具体添加方法如图 10-13 和图 10-14 所示。

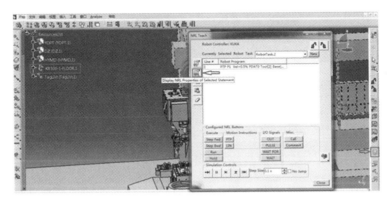

图 10-13　添加 Tool 和 Base 步骤

图 10-14　添加 Tool 和 Base 对话框

添加完 Tool 和 Base 后,还要设置末端执行器的 Tool1 和 Tool2 的规定坐标值。机器人路径是由标签点(Tag Point)确定的。要控制机器人沿特定路径运动,需要沿该路径示教若干个示教点,示教位置根据孔位及制孔系统和工装产品的空间位置确定,这些示教点在机器人程序中以末端执行器工具中心点(TCP)笛卡儿位姿的形式记录下来,描述了机器人运动的路径信息,使机器人和末端执行器以规划的路径和姿态运动。图 10-15 所示为创建制孔任务的主要界面。

打开制孔任务面板的步骤如下:

首先点击示教图标,示教图标会变成橙色深显,然后选择结构树中的机器人(KR500-1-FLOOR),就会弹出制孔任务操作面板;也可以先选中机器人,再点击示教图标,同样可以打开面板,然后可以选择不同的程序进行修改。如果要直接打开某个程序段进行编辑,可以在结构树中依次打开 KR500-1-

FLOOR—Program—TaskList,在任务列表(TaskList)子结构树中选中相应的程序段,然后点击示教(Teach a device)即可。

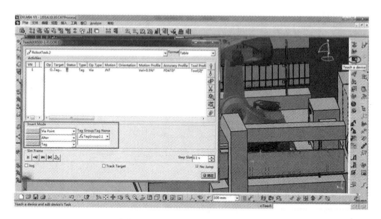

图 10 - 15　创建制孔任务面板

　　制孔过程中的任务有压力脚伸出压紧工件与缩回、主轴进给与退回,末端执行器执行这些动作完成制孔。实际制孔过程中,末端执行器的任务还包括基准检测、法相检测与调整,这些动作和功能共同构成一个制孔循环。制孔过程中通过机器人与末端执行器交互执行各自任务实现制孔功能。机器人与末端执行器通过 I/O 参数进行通信,离线编程中,通过添加特定的 I/O 参数用以在后置处理中作为子程序替换的标志。

　　创建制孔任务在 DELMIA 示教器中完成,首先创建机器人"Home"点,再通过产品数模上已创建好的孔坐标系创建机器人路径标签点(Tag Point)(见图 10 - 16),对机器人进行路径规划。路径标签点(Tag Point)有"Via Point"点、"Process"点两种类型,非制孔位置路径点设为"Via Point"类型,制孔位置路径点设为"Process"类型。在规划机器人路径的同时,通过示教器选择机器人运动方式、运动参数(速度、加速度等)、刀具坐标系、工件坐标系,对路径点及制孔位置点逐点示教完成制孔任务的创建。

　　2.制孔速度设置

　　在机器人制孔过程中,需要对机器人的制孔速度加以设置,以保证机器人运动过程中的安全性。在 DELMIA 的"Device Task Definition"工作台下,可以对制孔时间、末端执行器移动速度、机器人各关节加速度等进行设置。首先,选择"Robotic controller"中"Motion Profile"为一个制孔动作添加速度;其次,在"Teach a device"中的"table"选项里将末端执行器移动速度设置为实际速度,双击"Operation"弹出对话框,点击"Weld gun"可以设置制孔时间;最后,制孔仿真结束时可以得到整个制孔动作的时间。通过"date readout"可以查看整个制孔过程中机器人各个关节和方向的动态速度。模拟过程中,各个关节和方向的动态速度如图 10-17 所示。

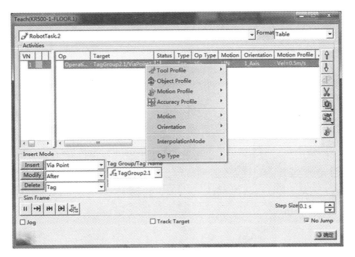

图 10-16 DELMIA 示教器中"右键"设置路径标签点

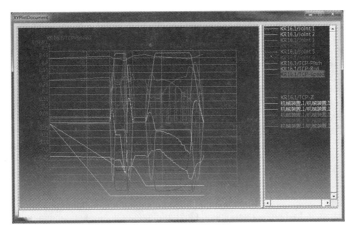

图 10-17 机器人各个关节和方向的动态速度

10.4.6 制孔路径仿真

制孔路径仿真主要是进行制孔过程中的干涉与碰撞检测、运动学仿真,用于验证机器人路径规划、制孔末端执行器姿态及机器人相关参数设置是否合理。干涉检测是查看制孔机器人在制孔过程中是否出现速度、加速度超限及奇异性等问题；碰撞检测的目的是分析制孔系统与工装或者制孔系统不同部分之间可能出现的碰撞问题；运动学分析一般是把制孔机器人末端 TCP 点的轨迹和位姿生成对应的曲线，研究机器人程序是否准确可靠。

1.干涉与碰撞检测

干涉检测是分析机器人在工作过程中有可能出现的奇异性及速度、加速度等超限问题，碰撞检测的目的是分析制孔系统和周围环境及制孔系统不同部分之间可能出现的碰撞问题，用于验证机器人路径规划、制孔末端执行器姿态及机器人相关参数设置是否合理，是保证机器人正常工作的必要条件。

在 DELMIA 的离线编程的环境下，Robotics 模块提供了专门的分析工具，用以自动检测是否有碰撞干涉的发生，有效地解决了实际工作中机器人碰撞干涉所带来的难题，使得机器人碰撞问题在设计过程中可以得到有效的解决。通过设置 DELMIA 软件中"Simulation Analysis Tools"工具栏中的"碰撞检测（开启）""Device Settings""Check Clash"等命令对制孔路径进行碰撞检测、速度检测、加速度检测以及干涉检测，并可选择检测形式及结果输出方式，以便直观地进行观察，确定碰撞及干涉现象发生的位置。

通过"Clash"命令创建干涉和碰撞检测，将检测类型设置为"接触＋碰撞""在所有部件之间"。再通过"Analysis Configuration"命令，将检测反馈设置为"高亮显示"方式，对是否发生干涉和碰撞，末端执行器刀具刀尖点的速度和加速度是否超限，机器人的线速度、角速度、线加速度和角加速度是否过大进行检测。启动"碰撞检测（开启）"命令，运行已创建的制孔任务，对机器人进行干涉和碰撞检测。

防碰撞及干涉检测如图 10－18 所示，图 10－18(a)为制孔路径仿真过程中末端执行器与工装发生碰撞的情况，图中高亮显示碰撞部位；图 10－18(b)为检查碰撞的结果显示窗口。

当发生干涉和碰撞现象时，可以通过调整机器人路径、末端执行器姿态以及机器人运动参数消除干涉和碰撞，使制孔系统安全、高效地实现制孔功能。

2.运动学仿真

运动学仿真产生制孔机器人末端轨迹和位姿测量曲线的方法如下：通过"Simulation Analysis Tools"中的"Data Readout"命令，在选择相应型号的机器人后，使用"Sensor management"菜单选择需要生成的测量曲线，如机器人末端的轨迹、末端的位姿、机器人各关节的轨迹等；并在"SpreadSheet"下点击"Graphics"对机器人进行运动学仿真，得到需要测量的一系列数值以及所需要

的各个曲线。图 10-19(a)(b)(c)所示为机器人 1、2、3 关节运动轨迹仿真图,图
10-19(d)(e)(f)所示为机器人 TCP 点 x、y、z 运动轨迹仿真图。

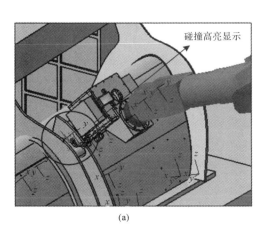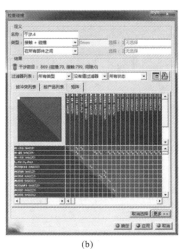

(a)   (b)

图 10-18　碰撞干涉检测

(a)设备与产品发生碰撞;(b)检查碰撞结果显示

从图 10-19 中可以看出:在整个运动过程,机器人各关节以及 TCP 点运动
轨迹与路径规划所设定的初始条件基本吻合,整个运动曲线与路径规划一致。

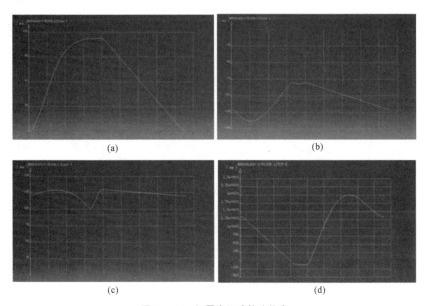

图 10-19　机器人运动轨迹仿真

(a)1 号关节;(b)2 号关节;(c)3 号关节;(d)TCP 点 x 坐标

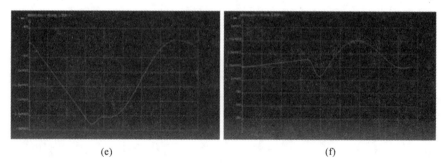

续图 10 - 19　机器人运动轨迹仿真
(e)TCP 点 y 坐标；(f)TCP 点 z 坐标

10.4.7　生成机器人程序

经过制孔路径仿真,确认制孔路径中不存在干涉和碰撞问题,则可以生成机器人离线编程程序。

在 DELMIA 的"Robot offline programming"模块中选择相应的机器人厂家和型号,然后点击"Creat Robot Program"命令对机器人程序编译并输出,生成.dat 和.src 两个机器人程序文件(见图 10 - 20)。保存后可以通过 U 盘将程序由人机界面导入系统管理层,由制孔设备控制系统控制机器人程序的执行与停止。

注意:程序通过"Robot Offline Programming"环境编译后,在"Device Task Definition"中的程序也会发生相应的变化,在制孔任务面板中显示的程序语句会更加详细,包括运动速度、Tool、Base 等。如果要更改这些制孔参数,只须在制孔任务面板中更改后再次编译即可。但是若要删除或添加某个程序点,直接删除和添加的程序点序号并不会自动按顺序重新排列,而是在原有的顺序号中插入或减少某个序号,这样机器人读取程序时就可能发生混乱。为了使再次编辑的程序导出后正常可用,对于上述问题,可以采用"重新编译"的原则,即将机器人结构树下的 TaskList 中的修改后的程序段镜像再编译:点击如图 10 - 21(a)所示的"镜像"程序图标,先后选择程序和机器人,然后在图 10 - 21(b)中的镜像对话框中填写"X=0,Y=1,Z=0",镜像面选择"Z and X",点击确定;再次将镜像过来的程序镜像回去,此时最后镜像得到的程序就是未编译的程序,这样编译之后就是正常的离线程序,两次镜像过程中生成的中间程序及最初的原程序可以删掉。

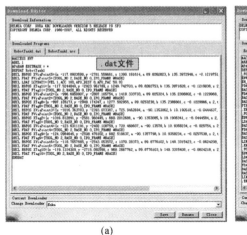

(a)   (b)

图 10-20　DELMIA 生成的 .dat 和 .src 文件

(a)生成的 .dat 文件；(b)生成的 .src 文件

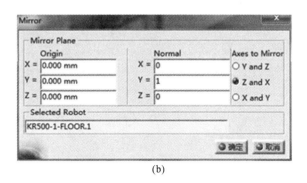

(a)   (b)

图 10-21　程序镜像功能

(a)镜像程序图像；(b)镜像对话框

10.4.8　后置处理

在 DELMIA 中离线编程生成路径的仅仅是机器人的运动程序，不包含末端执行器和机器人交互信号实现两者的交替运动，而 RADS 的制孔、自动换刀、基

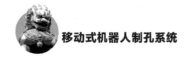

准检测等均需要机器人与末端执行器协调配合完成,因此应在 DELMIA 生成的机器人程序中,通过查找制孔点(即 process 点)进行后置处理,然后在制孔点后添加必要的交互控制信号和机器人运动子程序,完成机器人和末端执行器的交互控制。

最后,将后置处理完成的机器人控制程序通过 U 盘或网线下载到机器人控制柜中,由上位机控制制孔程序的执行,使制孔机器人与末端执行器协调完成制孔任务。

第 11 章

移动机器人自动制孔控制系统架构

11.1 制孔机器人控制系统架构

移动机器人自动制孔系统（Robot Automatic Drilling System ,RADS）的控制系统是整个移动机器人自动制孔系统的核心,可实现机器人、末端执行器、机器人移动平台的运动控制和状态监控。机器人由 KUKA 自带的控制系统控制,机器人移动平台控制系统由其他合作单位完成,末端执行器完全自主研发,在自动制孔过程中需要机器人、机器人移动平台、末端执行器协调工作。因此,需要合理设计控制系统,实现三者的集成交互。

11.1.1 控制系统架构

为满足系统可扩展性、灵活配置、柔性化的需求,RADS 控制系统选用 PC+软 CNC 模式。本章设计了以 Beckhoff 中央控制器为核心、基于 EtherCAT 总线和 Profibus 总线的分布式控制系统。RADS 控制系统由上到下分为四层:离线编程层、中央控制层、现场控制层和执行层,图 11-1 所示为 RADS 控制系统架构图。

（1）离线编程层。由于加工孔的数目十分庞大,所以机器人的编程成为一个十分重要的问题。传统示教编程存在以下问题:示教编程过程烦琐、效率低;示教的精度完全靠示教者的经验目测决定等。

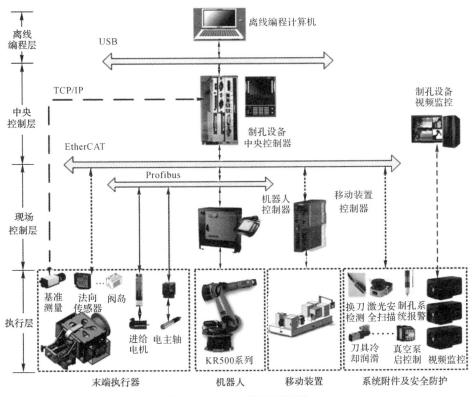

离线编程层采用专用离线编程软件完成机器人的离线编程,生成最优加工路径,缩短程序开发周期,减少碰撞。离线编程生成的机器人程序通过 USB 传给中央控制器。

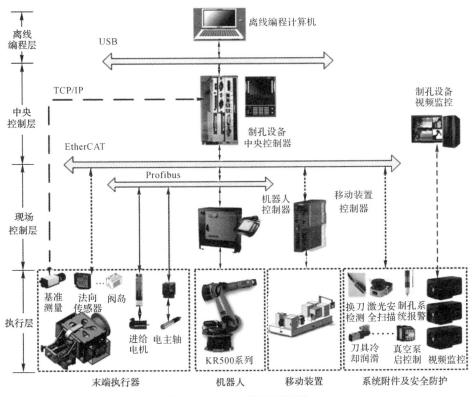

图 11-1 RADS 控制系统架构

（2）中央控制层。中央控制层是 RADS 的大脑,负责整个系统的配置、调度和管理工作,根据控制需要向控制现场发送运动控制指令和逻辑控制指令,并实时监控现场各个被控对象的运行状态。中央控制器通过 EtherCAT 总线和 Profibus 总线实现与控制现场的数据通信。

系统中央控制器选用 Beckhoff 工业计算机作为控制核心完成 RADS 的实时控制和集成控制。Beckhoff 工控机的的应用开发平台为 TwinCAT,该软件运行在主流操作系统 Windows 平台下,在不需要专业硬件和操作系统改变的前提下,将标准 Windows 系统变成实时操作系统,从而完成 RADS 的实时控制。

（3）现场控制层。现场控制层包括机器人控制器 KR C4 和机器人移动平台控制器。机器人控制器 KR C4 完成机器人控制、PLC 控制、运动控制、过程控

制、安全控制和实时同步控制等。机器人移动平台控制器负责移动平台的视觉循迹、运动控制、逻辑控制和安全防护等。

RADS 控制系统采用基于 Profibus 总线的主从站控制,机器人控制器 KR C4 作为从站,中央控制层通过 Profibus 总线完成对机器人的运动控制和状态反馈。

中央控制器通过 EtherCAT 总线完成机器人移动平台的集成控制。

(4)执行层。执行层是自动制孔设备最终的执行者,包括机器人、机器人移动平台、多功能末端执行器等系统硬件。执行层在中央控制层和现场控制层的指挥下执行系统控制指令,完成制孔定位、工位转换、一体化制孔等功能。

11.1.2　控制系统平台搭建

RADS 控制系统组态是通过 EtherCAT 总线和 Profibus 总线将机器人、移动平台、末端执行器集成到一个统一的平台上,便于实现中央控制器对自动化设备的监视、控制和管理。

图 11-2 所示为 RADS 硬件组态原理图,RADS 控制结构包括中央控制器、端子模块、现场端子盒、被控对象。机器人控制系统、进给电机驱动器、电主轴变频器建立 Profibus 串行网络,实现与中央控制器的通信;而气动阀岛、激光测距传感器、电磁阀、锪窝传感器等 I/O 以及移动平台控制系统通过 EtherCAT 总线建立与中央控制器的通信。基准检测相机通过 TCP/IP 与中央控制器通信。

(1)逻辑控制。中央控制器通过 EtherCAT 与总线耦合器 EK1100 连接,总线耦合器实现 EtherCAT 端子模块与中央控制器的数据交换。

端子模块固定在控制柜中,通过模块间的 Ebus 触点与总线耦合器相连实现数据传输。按钮、指示灯、继电器、安全防护单元以及移动平台的启动信号和完成信号连接在端子模块上,实现中央控制器对输入输出的控制。

由于机器人本身的有效负载和刚度有限,这就要求末端执行器的质量要轻、尺寸要小。基于以上考虑,末端执行器的逻辑控制采用 FESTO 气动阀岛和 EtherCAT 现场总线端子盒分别实现气动控制集成和 I/O 信号控制集成。现场端子固定于末端执行器上,通过 EtherCAT 总线实现现场端子与总线耦合器的连接,现场端子将现场 I/O 信号耦合成 EtherCAT 通信协议与中央控制器交换数据。

(2)运动控制。中央控制器通过 EtherCAT 端子模块 EL6731 建立 Profibus 主站,进给电机驱动器、电主轴驱动器、机器人 KR C4 控制柜分别作为 Profibus 从站,实现中央控制器对驱动器的主从控制。

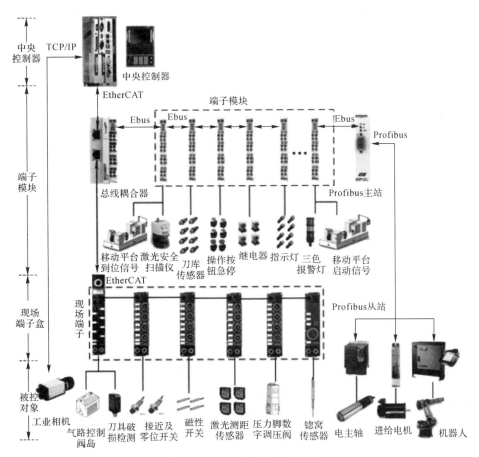

图 11-2　RADS 硬件组态原理图

|11.2　RADS 控制软件总体设计|

11.2.1　软件功能需求分析

RADS 要正常工作,不仅需要有硬件部分,还必须有软件的配合才能真正组成一个完整的控制系统。硬件是系统的本体,软件在硬件的支持下运行,离开软件,硬件便无法工作,两者缺一不可。一个成熟的 RADS 软件系统应该包括以

下功能。

(1)离线仿真。由于机器人灵活、活动空间大,而机翼前缘蒙皮空间较小,所以机器人的安全编程和校验是系统的重要组成部分。离线仿真主要完成虚拟环境中模拟机器人的动作和运行轨迹,验证其可达性,避免干涉的发生。

(2)系统管理。系统管理具有管理和维护 RADS 设备信息的功能,主要完成加工管理、程序管理、参数管理、操作记录和报警记录管理、在线监控以及人机交互等。RADS 软件能够给用户提供友好的人机界面,提高加工效率,减少工人误操作。

(3)逻辑控制。逻辑控制主要包括系统通用 I/O 点控制、与其他控制系统和算法的信号交互功能。系统通用 I/O 点控制包括电主轴松刀拉刀、压力脚压紧、真空吸屑等;与其他控制系统和算法的信号交互是指对机器人控制系统、机器人移动平台控制系统、算法的完成信号的检测和启动信号的控制。

(4)运动控制。运动控制主要完成末端执行器运动控制、机器人集成控制和机器人移动平台的集成控制。末端执行器运动控制也就是完成进给控制、锪窝精确控制、主轴旋转、进给回零控制等;机器人集成控制是通过 Profibus 总线完成机器人 KR C4 控制器的集成控制;机器人移动平台的集成控制是通过 EtherCAT 总线实现对移动平台控制器的集成控制。

(5)位姿补偿。一般工业机器人绝对定位精度只能达到 2~3 mm,远低于飞机装配的精度要求。因此这就需要 RADS 具有机器人位置精度补偿功能。

孔的垂直度对装配孔的疲劳寿命影响较大。当孔的轴向与工件表面的法向夹角达到 2°时,飞机的疲劳寿命会下降 47%;若发生严重倾斜达到 5°,飞机的疲劳寿命可能降低 95%。这就要求在到达指定位置后,系统要保证钻头和工件的垂直,因此 RADS 要具有姿态补偿功能。

(6)系统集成。RADS 由机器人、移动平台、末端执行器等构成,要完成整个工件的制孔动作必须由三者协调完成,这就需要 RADS 对三者进行集成,使整个系统有一个统一的控制平台。

11.2.2　软件层次结构划分

根据 RADS 系统组成和功能需求分析,RADS 软件主要包括离线仿真、位姿补偿、逻辑控制、位置控制、系统集成、系统管理等功能。图 11-3 所示为 RADS 控制软件层次结构图,控制软件由上到下分为离线编程层、系统管理层和设备控制层,下面对其做以简单介绍。

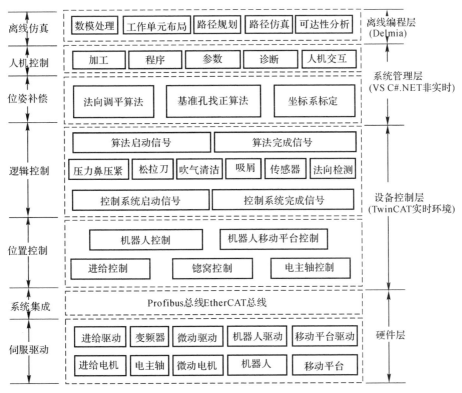

图 11-3　RADS 控制软件层次结构图

（1）离线编程层。机器人离线编程软件分为两类：机器人配套系统和商品化通用系统。常见的机器人配套系统有 ABB 公司开发的 Robotstudio、MotoMan 公司提供的 Motosim、FANUC 公司研制的 ROBOGUIDE 等。Workspace、ROBCAD、DELMIA/IGRIP 是比较常见的商品化通用系统。从应用看，商品化通用系统具有较强的图形功能，并且有很好的编程功能，支持多个机器人厂家，并且机器人和末端执行机构具有协调运动功能。因此，商品化通用系统比机器人配套系统更合理。DELMIA/IGRIP 在机器人应用仿真方面处于世界领先地位，其集成解决方案在航空航天、汽车、造船、重型设备等各个行业发挥着重要的作用。

　　RADS 离线编程平台选择 DELMIA/IGRIP，运行在一台远离加工现场的离线编程计算机上。离线编程层的主要任务包括制孔可达性分析、数模处理及孔位信息提取、制孔工作单元总体布局、机器人路径规划、制孔路径仿真、生成机器人离线程序等。利用 DELMIA/IGRIP 可快速和图形化地构造各种应用工作单

元作业,同时能很容易导入 CAD 数据,自动碰撞侦测功能能避免破坏,减小风险,缩短加工周期。

(2)系统管理层。目前,基于组件的软件设计模式已经广泛应用在大型软件系统开发中,组件具有可配置、可扩展、可移植、可重用等优点。相比其他广泛使用的商业组件,.NET 组件具有更多的优势:创建.NET 组件只需要建立一个类库工程,添加继承自 System.CompoentModel.Component 的类即可;.NET 组件与语言无关,可以使用多种语言开发,实现无缝集成;.NET 组件易于实现分布式部署,支持多种网络协议,方便实现柔性化制造系统。

Visual C♯.NET 是微软公司发布的一种面向对象的、运行于.NET Framework 之上的高级程序设计语言。C♯综合了 VB 简单的可视化操作和C++的高运行效率,以其强大的操作能力、优雅的语法风格、创新的语言特性和便捷的面向组件编程的支持成为.NET 开发的首选语言。

RADS 系统管理层开发平台为 Visual C♯.NET,运行在 Beckhoff 的非实时环境 Windows XP 上。系统管理层采用面向对象技术和基于组件的设计思想进行设计,因此使程序具有重用性、灵活性和扩展性。系统管理层主要分为 6 个组件:人机交互组件、加工组件、程序组件、参数组件、诊断组件、位姿补偿组件(其中具体的位姿补偿算法由课题组另外一位研究生完成),完成加工监控、程序编辑、加工参数设置、故障诊断以及位姿补偿功能。

(3)设备控制层。RADS 的中央控制器选用 Beckhoff 工业计算机。TwinCAT 控制软件作为 Beckhoff 工业计算机的应用开发平台,充分利用 PC 的软硬件资源完成工业自动化的实时控制。

设备控制层主要完成制孔系统的逻辑控制和运动控制,运行在 Beckhoff 中央控制器的 TwinCAT 实时平台下。

逻辑控制包括通用 I/O 控制功能、位姿补偿控制功能。通用 I/O 控制是指压力脚压紧、电主轴松拉刀、真空吸屑、吹气清洁以及法向检测等;位姿补偿控制功能主要控制位姿补偿算法的启动,检测算法是否完成。

位置控制负责完成末端执行器控制、机器人集成控制和移动平台控制功能。末端执行器控制主要完成进给控制、锪窝控制、电主轴旋转控制等,实现末端执行器的制孔功能。由于机器人、移动平台具有独立的控制器,所以设备控制层通过总线通信实现对机器人、机器人移动平台的集成控制和状态监控功能。

11.2.3 软件模型

机器人自动制孔系统的工作分工如下:由机器人完成末端执行器的精确定

位和定姿,由末端执行器完成钻头的旋转及进给,由监测及标定系统对加工过程及定位精度进行实时测量。

图 11-4 所示为 RADS 控制软件模型,RADS 控制单元主要包括机器人现场控制单元、移动平台现场控制单元、TwinCAT 设备控制单元以及系统管理单元。机器人现场控制单元拥有自己的 KR C4 控制系统,利用自身的控制系统与 TwinCAT 设备控制单元通信,完成自动换刀、基准检测、法向调平、试刀、制孔定位和中断等功能;移动平台现场控制单元由移动平台控制系统完成移动平台运动控制、视觉循迹、定位锁紧等功能;TwinCAT 设备控制单元主要完成末端执行器钻孔循环控制、机器人外部自动控制、面板控制等,是 RADS 的控制核心;系统管理单元主要完成坐标监控、加工控制、刀具管理、参数设置等功能。

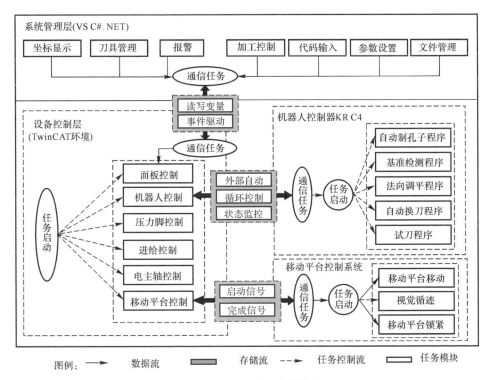

图 11-4 RADS 控制软件模型

TwinCAT 设备控制单元运行在 Beckhoff 中央控制器上,是整个 RADS 的控制中枢。TwinCAT 设备控制单元通过向机器人现场控制单元和移动平台现场控制单元发送通信任务,完成机器人和移动平台的集成控制和状态监控。系统管理单元与 TwinCAT 设备控制单元之间的通信任务通过 ADS 协议完成,系

统管理单元通过 ADS 协议读取 TwinCAT PLC 中的变量实现机器人、移动平台、末端执行器的状态反馈；通过 ADS 协议向 TwinCAT PLC 变量中写值实现对 RADS 系统的人机交互控制。

　　RADS 软件所有的通信任务按通信对象分为 3 类：系统管理单元与设备控制单元、机器人与设备控制单元、移动平台与设备控制单元。其中系统管理单元与设备控制单元的通信内容主要为读写 TwinCAT PLC 变量、设备控制单元向系统管理单元发送事件通知；机器人与设备控制单元的通信是 RADS 通信的重中之重，主要包括读写外部自动信号、机器人与末端执行器钻孔循环交互控制、状态监控信号；移动平台与设备控制单元的通信比较简单，分为移动平台启动信号和到位信号。

第 12 章

RADS设备控制层设

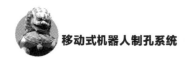

设备控制层主要完成末端执行器的运动控制、机器人和机器人移动平台的集成运动控制,并对制孔设备进行实时状态监控,因此设备控制层是整个 RADS 软件的核心。

|12.1 设备控制层总体设计|

设备控制层包括 3 个控制单元:TwinCAT 设备控制单元、机器人控制器 KR C4 和移动平台控制单元。TwinCAT 设备控制单元向其他控制单元发送任务启动信号,其他控制单元接到任务启动信号后分别完成自身机械本体的控制,任务完成后,向 TwinCAT 设备控制单元反馈任务完成信号,以此实现机器人、移动平台、末端执行器的协调配合,完成 RADS 整个制孔动作。图 12 - 1 所示为 RADS 设备控制层总体设计图。

(1)末端执行器控制。末端执行器涉及狭小空间的集成技术、精度补偿技术、姿态自适应调整、钻铰锪一体化制孔技术等,因此末端执行器的控制是 RADS 控制的又一关键技术。末端执行器的控制主要包括进给控制、电主轴转速控制、锪窝控制、法向检测、基准检测等。

(2)机器人集成控制。KUKA 机器人的工作模式分为 4 种:测试 1、测试 2、自动和外部自动。根据 RADS 系统需求,用户通过人机交互界面选择并启动机器人程序,这就需要由中央控制器控制机器人程序的运行。因此,设备控制层通过外部自动实现机器人的集成控制。另外机器人集成控制还可实现机器人与钻孔循环的交互控制以及机器人的状态监控。

（3）移动平台集成控制。机器人移动平台作为机器人的扩展轴,可实现RADS的工位转换。该工位加工任务完成且设备回归零点后,设备控制层向移动平台控制系统发送启动信号,机器人移动平台收到启动信号后向下一工位移动,移动到位后向设备控制层反馈完成信号,RADS就可以开始新的工位的制孔任务。

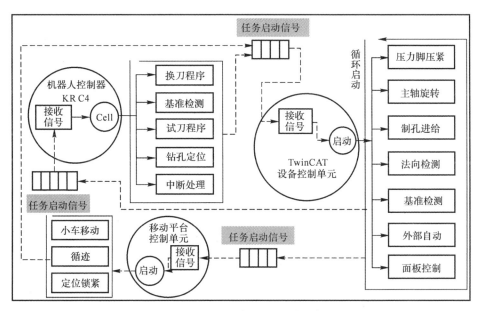

图 12-1 RADS 设备控制层总体设计图

|12.2 末端执行器控制|

末端执行器的控制是一个典型的顺序控制,本节采用经典的顺序控制器PLC实现对末端执行器的控制。

TwinCAT PLC 是自动化软件 TwinCAT 的核心。作为一种纯粹的软件PLC,TwinCAT PLC 既具有传统 PLC 功能可靠等方面的特点,又具有 PC 的高性能、丰富的编程语言以及便捷的网络通信等优点,其特点在于:TwinCAT PLC 允许在一个 PC 上实现 4 个虚拟"PLC CPU",每个可最多运行 4 个用户任务;符合 IEC 61131-3 标准,程序可使用 IL、LD、FBD/CFC、SFC、ST 中的一种

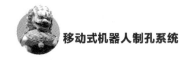

或多种语言编程;可使用模块化程序管理工具,进行结构化编程;拥有功能强大的调试工具:程序可设断点、单步运行调试,数据和对应的映像可在线显示。

下面从制孔单元、压紧单元、法向测量单元和基准找正单元4个方面介绍末端执行器的控制。

12.2.1 制孔单元

制孔单元由进给电机带动高精度电主轴实现制孔功能,并采用接触式锪窝传感器构成全闭环,精确控制进给量。由于电主轴和进给电机的运动控制和状态反馈原理相同,所以以进给电机为例介绍末端执行器的运动控制和状态反馈。制孔单元的控制从运动控制、状态反馈、锪窝精度控制三个方面展开。

1.运动控制

末端执行器的运动控制包括进给控制和电主轴旋转控制,采用基于Profibus总线的主从式控制结构,建立串行网络拓扑结构。Profibus是一种国际化、开放式、不依赖于设备生产商的现场总线标准,符合稳定的国际标准EN50170,用于设备级控制系统与分散式I/O之间的通信。

中央控制器通过EtherCAT端子模块EL6731建立Profibus主站,进给电机驱动器和电主轴变频器分别作为Profibus从站。主站决定总线上的数据通信,当主站得到总线控制权时,不用外界请求就可以主动发送信息,主站负责运动轨迹的规划和对各个从站的监控;从站没有总线控制权,仅对接收到的信息给予确认或当主站发出请求时向它发送信息,完成驱动器的状态反馈。

以进给电机为例,中央控制器通过控制字实现进给电机的运动控制,见表12-1。控制字包含对进给电机的所有控制指令,主要包括驱动上电、电机正方向转动、电机反方向转动、控制位置、控制速度、控制倍率等。控制字的配置在力士乐驱动器上位软件IndraWorks DS中完成,控制字字长为7个Word。

表 12 - 1 进给电机控制字

控制变量名	Word 数	含 义
P - 0 - 4077	1	驱动上电、正方向转动、反方向转动、 电机回零、执行命令等
S - 0 - 0282	2	电机位置指令
S - 0 - 0040	2	电机速度指令
S - 0 - 0108	2	电机速度倍率

制孔单元运动控制的 PLC 程序使用结构文本 ST 语言编写,可以用简短的指令创建功能强大的命令串。TwinCAT PLC 的程序分为 Program、Function 和 Function Block3 种。Program 无输入值也无返回值;Function 可以有多个输入,但只能有一个输出;Function Block 可以有多个不同类型的输入和输出。

下面自定义 5 个进给电机运动控制相关的函数:变量映射函数(FeedVarAssign)、回零函数(FeedHome)、正方向 JOG 函数(FeedJogPlus)、反方向 JOG 函数(FeedJogMinus)、给定速度和位置的函数(FeedMove)。

(1)变量映射函数(FeedVarAssign)。FeedVarAssign 为 Program 类型程序块,可实现用户自定义 PLC 变量与电机控制字、状态字的映射,该程序块没有输入变量也没有输出变量。

Program 类型程序块的调用方法很简单,只须在程序块名称后边加上括号即可,如"FeedVarAssign();"。以下为用 ST 语言编写的 FeedVarAssign 程序段代码:

```
// * * * * * * * * * * * * * * FeedVarAssign 程序段 * * * * * * * * * * * * * *
……
MotorControl[0].13:=bHALT;//暂停
MotorControl[0].14:=bENBLE; //使能
MotorControl[0].15:=bDRIVEON; //驱动上电
MotorControl[0].0:=bCMD_ACT; //开始运动
MotorControl[0].6:=bJOGPLUS; //正向运动开始信号
MotorControl[0].7:=bJOGMINUS; //反向运动开始信号
MotorControl[0].2:=bHOME; //回零信号
……
```

(2)给定速度和位置的函数(FeedMove)。FeedMove 为自定义功能块,可实现控制电机以指定的速度运动到给定的电机位置。图 12 - 2 所示为 FeedMove 功能块结构图,功能块的用户输入变量包括功能块启动变量 in、用户位置指令 Position_cmd、用户速度指令 Vel_cmd;输出变量包括电机实时位置反馈 Position_dis 以及指令是否完成 bDone。

FeedMove 的具体控制方式如下:首先将用户 REAL 类型的位置和速度指令转化为二进制类型赋给电机控制字,然后将电机执行指令的控制字 bCMD_ACT 取反,控制电机以用户指定的速度到达指定位置,具体程序代码如下:

```
// * * * * * * * * * * * * * * * FeedMove 变量定义 * * * * * * * * * * * * * *
FUNCTION_BLOCK FeedMove
VAR_INPUT
in:BOOL;//启动变量
```

```
Position_cmd：REAL；//用户位置指令
Vel_cmd：REAL；//用户速度指令
END_VAR
VAR_OUTPUT
bDone：BOOL；//命令是否完成
Position_dis：REAL；//当前电机位置
END_VAR
VAR
pos：SendComand；
vel：SendComand；
bFlag：BOOL：＝TRUE；
END_VAR
//＊＊＊＊＊＊＊＊＊＊＊＊＊＊＊＊FeedMove 程序段＊＊＊＊＊＊＊＊＊＊＊
FeedVarAssign()；//调用 FeedVarAssign 程序块
Position_dis：＝GetFeedPositions()；
IF(in＝TRUE)THEN
pos(FeedCommand：＝ Position_cmd，Shift：＝10000，output1＝＞MotorControl[1]，
output2＝＞ MotorControl[2])；//将用户位置指令转化为二进制
vel(FeedCommand：＝Vel_cmd，Shift：＝1000，output1＝＞MotorControl[3]，output2
＝＞ MotorControl[4])；//将用户速度转化为二进制
IF(bFlag＝TRUE)THEN//  bFlag 控制运动指令只发送一次
bCMD_ACT：＝NOT( bCMD_ACT)；//bCMD_ACT 上升沿或下降沿触发运动
bFlag：＝FALSE；// bFlag 复位
END_IF
bDone：＝MotorStatus[0].4；//命令是否完成的状态字
ELSE
bFlag：＝TRUE；
END_IF
```

Function Block 功能块的调用方法与其他两种类型有所不同,功能块有"实例化"概念,每个实例都有功能块自身的数据,从而可以采用面向对象的结构化编程形式。调用功能块时首先要将功能块实例化,然后用功能块的实例进行调用,程序代码示例如下:

```
FeedToMove0：FeedMove；          //实例化
FeedToMove0(                     //功能块调用
in：＝TRUE ，
Position_cmd：＝LPosition_cmd4 ，
Vel_cmd：＝LVel_cmd4   )；
```

图 12 - 2　FeedMove 功能块结构图

2.状态反馈

设备控制层通过状态字请求反馈进给电机的状态。进给电机驱动器反馈的电机当前状态包括当前位置、当前速度、当前力矩、是否在零位等。由于电机扭矩一定,而制孔时进给速度或者主轴转速设置不合理可能引起电机力矩过大,所以应实时监控力矩值,当力矩超过设定值时程序报错,防止电机过载。状态字的配置在驱动器上位软件 IndraWorks DS 中完成,状态字字长为 7 个 Word(见表 12 - 2)。

表 12 - 2　进给电机状态字

状态变量名	Word 数	含　义
P - 0 - 4078	1	是否在零位、指令是否完成、电机是否在转动等状态信息
S - 0 - 0386	2	当前电机位置
S - 0 - 0040	2	当前电机速度
S - 0 - 1018	2	当前电机力矩

下面以电机实时位置获取函数(GetFeedPositions)为例,介绍电机的状态反馈功能的实现。GetFeedPositions 为 Function 类型,只有一个返回值,没有输入值(见图 12 - 3)。GetFeedPositions 可实现获取电机实时位置的功能。

GetFeedPositions 程序代码示例如下:

```
// * * * * * * * * * * * * * * * GetFeedPositions 变量定义 * * * * * * * * *
FUNCTION GetFeedPositions : REAL//返回值为 REAL 类型,在定义时指定
VAR_INPUT
END_VAR
VAR
```

```
pos1:DWORD；
pos2:DWORD；
Position:DWORD；
Position_dis:REAL；
END_VAR
//＊＊＊＊＊＊＊＊＊＊＊＊＊＊＊GetFeedPositions 程序段＊＊＊＊＊＊＊＊＊
pos1:＝WORD_TO_DWORD(MotorStatus[1])；
pos2:＝WORD_TO_DWORD(MotorStatus[2])；
pos1:＝SHL(pos1,16)；
Position:＝pos1 OR pos2；
Position_dis:＝Read_Real4DW(DW_Input:＝Position, Real_Shift:＝0.0001)；
GetFeedPositions:＝Position_dis；
……
```

Function 类型的调用方法是首先定义一个与 Function 返回值类型相同的变量,然后将 Function 的返回值赋给定义的变量即可,程序代码示例如下:

```
LPosition_dis:REAL；//变量定义
LPosition_dis:＝GetFeedPositions()；//调用方法
```

图 12-3　GetFeedPositions 功能结构图

3.锪窝精度控制

锪窝深度是沉头铆钉孔的关键参数之一,不仅会对飞机蒙皮的气动性能造成影响,还会影响飞机结构和疲劳强度。为保证飞机部件的连接强度,锪窝误差要控制在 0.05 mm 以内。而机器人带动末端执行器制孔产生的切削力、压力脚压力等,必然对锪窝深度造成影响。因此,应在末端执行器上安装接触式锪窝传感器,对进给量构成全闭环控制,从而对锪孔的深度进行实时补偿。锪窝传感器的安装图如图 12-4 所示,锪窝传感器固定在进给滑台上,测量基准固定在压力脚上。锪窝传感器为增量式光栅尺,其内部采用光学原理实现,测量精度可达±1 μm。锪窝传感器内置弹簧,接触到测量基准后,弹簧压缩,输出 TTL 方波信号。

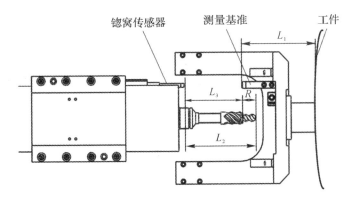

图 12 - 4　锪窝传感器安装图

由图 12 - 4 可知,压力脚压紧工件时,可以用压力脚前端代替工件。测量基准距工件距离为常数 L_1,锪窝起始点离刀尖点距离为常数 R,锪窝传感器到刀尖点的距离为 L_2(L_2 可以通过刀尖点位置减去传感器安装位置得到),则锪窝传感器到锪窝起始点的距离 $L_3 = L_2 - R$。

图 12-5 所示为锪窝控制流程。当 $L_3 = L_1$ 时,锪窝开始;当 $L_3 = L_1 + H$(H 为锪窝深度)时,锪窝结束。

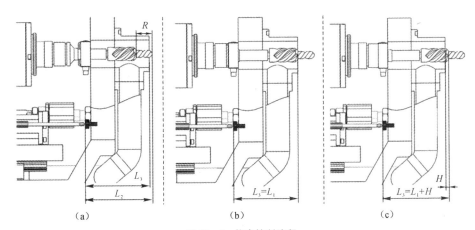

图 12 - 5　锪窝控制流程

(a)开始接触测量基准;(b)锪窝开始;(c)锪窝结束

12.2.2　压紧单元

由于机翼固定前缘蒙皮由多层材料组成,其间存在间隙,常常会造成夹层之间的毛刺与切屑、应力集中、制孔质量降低等问题。因此,末端执行器应设计具有柔性压紧功能,以免压力过大引起工件变形,压力过小达不到预期效果。

图 12 - 6 所示为压紧单元柔性控制原理,气源通过手动阀、减压阀调节到合适的气压,制孔时电气比例阀根据设定的压紧力输出相应气体压力给压紧气缸,压紧气缸带动压力脚沿导轨向前运动至加工工件表面并对工件施加压紧力,从而保证制孔时末端执行器所需的刚性。制孔结束后,气缸带动压力脚退回固定位置。

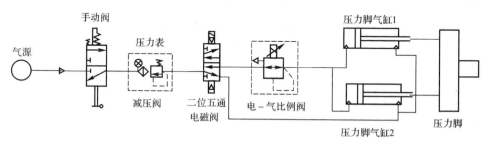

图 12 - 6　压紧单元柔性控制原理

电气比例阀内置运算模块,采用闭环反馈控制方案对压力脚气缸压力进行实时反馈,控制精度可以达到满量程的 1%。由于工件厚度、制孔孔径不同,所以压紧力也有所不同。设备控制层通过 4～20 mA 输出电流信号控制电气比例阀的输出,从而达到压紧力柔性调节的目的。

压紧单元的柔性控制首先要标定压紧力 KG 数和电气比例阀对应的电流值的对应关系,然后将用户输入的压力值 KG 转化为电气比例阀对应的输出电流值,然后控制压力脚气缸伸出。

根据标定出来的压紧力与比例阀电流值的转换关系,建立 Function 类型转换函数 PressConvert,输入为 REAL 类型的压力值,输出为 INT 类型的电流值。具体代码如下:

```
// * * * * * * * * * * * PressConvert 变量定义 * * * * * * * * * * * * *
FUNCTION PressConvert：INT//进行输入的压力值 KG 与比例阀电流值的转化
VAR_INPUT
PressNum：REAL；//用户设定的压紧力
END_VAR
// * * * * * * * * * * * PressConvert 程序段 * * * * * * * * * * * * * *
PressConvert：＝REAL_TO_INT((PressNum * 23＋1180) * 32767/4800)；//标定完的
//转换关系
RETURN；
```

OpenPress：＝TRUE；//压力脚气缸伸出

12.2.3 法向测量单元

末端执行器的法向测量是保证制孔垂直度的关键技术，4 个对称分布的激光测距传感器构成了法向测量系统，图 12-7(b)所示为激光测距传感器安装示意图。

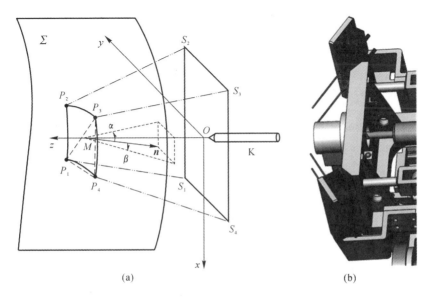

图 12-7 法向测量原理图
(a)法向测量原理；(b)激光测距传感器安装图

法向测量采用微平面原理，微平面原理是指空间曲面上任意一点 $M(x，y，z)$ 附近的一个微小曲面 $\Delta\Sigma$，可近似处理为一个微平面 ΔS。基于微平面原理，建立了 4 点法向测量模型[见图 12-7(a)]。4 个激光测距传感器与垂直平面呈 30°安装，从而使 4 个法向传感器在工件上的投影点构成的微平面更小，因此测得的制孔点法向量更准确。该模型利用测量点 M 周围的 4 个点 P_1、P_2、P_3、P_4，其中任意 3 点都不共线，则 4 点可以构成制孔点 M 周围的四个微平面($P_1P_2P_3$，$P_2P_3P_4$，$P_1P_3P_4$，$P_1P_2P_4$)，用 4 个微平面的法向量"加权平均"代替点 M 位置法向，得到制孔点 M 更为精确的法向量。与数模中 M 点的法向量对比，可得当前刀具轴线与制孔点 M 的法向量夹角 α、β。

如图 12-7(b) 所示,4 个法向传感器对称分布在刀具周围。正常状态下,通过 4 点法向测量模型测得刀具轴线与工件法向量的夹角 α、β;当 4 个传感器中某个传感器打到肋板上时,可以通过另外 3 个法向传感器确定的微平面法向量来代替制孔点 M 的法向,从而求得刀具轴线与工件法向量的夹角。

下面的程序代码为调用法向测量算法的 C♯ 程序,首先添加法向测量动态链接库,读取 4 个法向传感器的读数后,调用 NormalCalculateDll 中的法向测量算法,求得法向偏角 α 和 β。

```
//＊＊＊＊＊＊＊＊＊＊＊＊＊＊＊法向测量 C♯程序＊＊＊＊＊＊＊＊＊＊＊＊＊
using NormalCalculateDll;//添加精度补偿动态链接库
NormalVectorCalculate NC = new NormalVectorCalculate();//生成法向测量算法实例
double[] AB = new double[2];//定义当前法向偏移的 A,B 角
bool adjustend;//定义当前机器人调平动作是否完成
short sensor1, sensor2, sensor3, sensor4;
……
ads.readBool("MAIN.INfalg_EndAdjust",out adjustend);//读取法向调平的信号
ads.readInt(".InLaserSensor1", out sensor1);//读取传感器 1 的读数
    ads.readInt(".InLaserSensor2", out sensor2);//读取传感器 2 的读数
    ads.readInt(".InLaserSensor3", out sensor3);//读取传感器 3 的读数
    ads.readInt(".InLaserSensor4", out sensor4);//读取传感器 4 的读数
    if (adjustend == true)
    {//调用 NormalCalculateDll 动态链接库中的偏角计算方法
        AB = (NC.Algorithm(sensor1, sensor2, sensor3, sensor4));
        labelNormalResult.Text = "当前法向偏差为:" + Convert.ToString(NC.
Angle * 180 / 3.1415926) + "°";
        ads.writeBool("MAIN.OUT_WaitForDect", true);
    }
```

12.2.4　基准找正单元

由于工件安装偏差和移动平台工位转换时的位姿偏差,导致加工工件上基准孔的位置与数模中制孔点的位置产生偏差,所以应使用基准检测算法修正偏差,从而保证制孔点的位置精度。基准检测系统采用高精度工业相机和同轴光源完成对工件基准孔的非接触式测量。

1.相机标定

由于基准孔的的理论坐标是相对于工件坐标系而言的,而通过相机检测出来的原始基准孔坐标是相对于相机默认坐标系而言的,二者之间的坐标转换关系未知,所以应首先对相机进行标定,建立相机坐标系与机器人工具坐标系的转换关系,将理论坐标和实际坐标统一到同一个坐标系下。图 12 - 8(a)所示为相机标定板,孔 1 为刀具连接孔,孔 2、3、4 为检测孔,孔 1 与刀具通过小间隙连接,经测量精度达到 0.008 μm,孔 1、2、3、4 的相对关系已知,由精加工保证精度;图 12 - 8(b)所示为相机标定示意图。

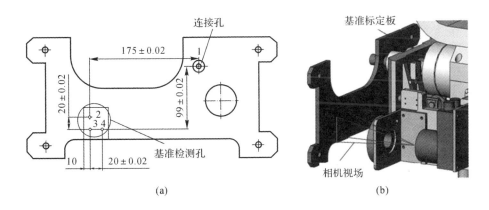

(a)   (b)

图 12 - 8   工业相机标定(单位:mm)

(a)相机标定板;(b)相机标定示意图

如图 12 - 9(a)所示建立相机坐标系 $x'O'y'$ 和工具坐标系 xOy,可知在相机坐标系下孔 1、4 的坐标分别为(x_1,y_1)、(x_4,y_4)以及夹角 α、β,因此可求得相机坐标系 $x'O'y'$ 和工具坐标系 xOy 的转换关系。

2.基准孔校正

基准孔检测主要包括基准孔滤波与噪声抑制、基准孔特征提取、基准孔边缘轮廓拟合和基准孔圆心 2D 坐标计算等。该模块在高精度智能相机提供的配套软件平台下开发。机器人带动末端执行器运动到已知理论坐标的基准孔上方,将通过相机测得的实际坐标与理论坐标进行对比,可以得到工件安装的偏差。基准校正原理如图 12 - 9(b)所示,板 A 为被加工件的理论位置,板 B 为被加工件的实际安装位置。根据基准孔理论位置 O_1、O_2 与实际位置 O_1'、O_2' 的位置偏差$(\Delta x_1,\Delta y_1)$、$(\Delta x_2,\Delta y_2)$,计算出加工件安装实际位置与理论位置的转角 δ。

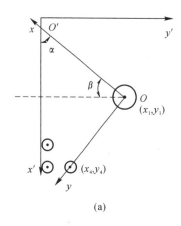
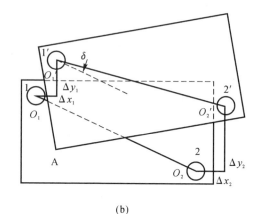

(a)   (b)

图 12 - 9　相机标定原理与基准校正原理
(a)相机标定原理；(b)基准校正原理

3.软件实现

根据 RADS 软件功能需求,在基准检测时,人机界面需要实时显示基准孔的画面和圆心坐标。本节采用 Socket 和 WebBrowser 控件完成需求。

Socket 通常也称作"套接字",应用程序通常通过 Socket 向网络发出请求或者应答网络请求。在连接成功时,应用程序两端都会产生一个 Socket 实例。TCP 服务端会不断监听 TCP 客户端的请求,待监听到客户端请求后,服务端处理请求,直到关闭连接。

WebBrowser 控件为 WebBrowser ActiveX 控件提供了托管包装。托管包装可以实现在 Windows 窗体客户端应用程序中显示网页。在使用 WebBrowser 控件时,使用通用资源标识符 URI 进行网页定位。程序代码示例如下:

```
// * * * * * * * * * * *实时获取在线图像* * * * * * * * * * * * * * *
private Socket mysocket = null;//定义 socket
string sReceived;//存放相机返回的数值
byte[] buffer = new byte[1024];//存放返回数值的缓存
string address= "192.168.0.3";//相机 IP 地址
Uri uri = new Uri( " http://" + address + "/? liveImage");//设置 webBrowser1
//的 URI
webBrowser1.Url = uri;
```

使用 Socket 获取基准孔的圆心坐标,首先用指定的地址族、套接字类型、协议初始化 Socket,然后通过 Socket.Connect 建立与相机的连接,最后发送触发信号并获取圆心坐标。程序代码示例如下:

```
//＊＊＊＊＊＊＊＊＊＊建立与相机的连接＊＊＊＊＊＊＊＊＊＊＊＊＊＊
IPAddress ip = IPAddress.Parse(address);//定义并实例化相机 IP 地址
IPEndPoint admin = new IPEndPoint(ip, int.Parse("23"));
mysocket = new Socket (AddressFamily. InterNetwork, SocketType. Stream,
ProtocolType.Tcp);//用指定的地址族、套接字类型、协议初始化 Socket 实例
mysocket.Connect(admin);//与远程相机建立连接
//＊＊＊＊＊＊＊＊＊＊＊获取圆心坐标＊＊＊＊＊＊＊＊＊＊＊＊＊＊＊
textBox1.Text = "";//清空文本框
ads.WriteBool("MAIN. OUTCameraTrigger",TRUE);//向相机写触发信号
sReceived = Encoding.ASCII.GetString(buffer);//获取返回的数值
textBox1.Text = sReceived;//在文本框显示获取的圆心坐标
ads.WriteBool("MAIN. OUTCameraTrigger",FALSE);//把触发信号复位
```

|12.3 机器人集成控制|

机器人由 KUKA 自带的 KR C4 控制系统完成运动控制、逻辑控制、安全控制等。KR C4 采用常用的开放性行业标准[36],根据这些技术可以轻松集成 Profibus 或 Ethernet/IP 等。这种全新的系统性方法在控制工艺的实施过程中,能够减少 35％的硬件模块数量和 50％的连接器和电缆数量,并且能够降低自动化方面的集成、保养和维护成本,同时持久地提高系统的效率和灵活性。

机器人作为 RADS 的制孔定位机构,其集成控制显得尤为重要。对机器人的集成控制包括通过外部自动信号控制机器人程序的选择、启动、暂停和继续,机器人与钻孔循环的信号的交互控制,以及机器人的状态监控等。机器人集成控制的数据交互通过 Profibus 总线实现。

12.3.1 外部自动

通过在 Delmia 虚拟环境中仿真生成无碰撞路径的机器人子程序,实现 RADS 的制孔定位、换刀、试刀、基准校正、预标记等功能。因此需要通过设备控制层控制机器人子程序的选择和启动来实现用户的功能需求。在外部自动模式

下,设备控制层可以通过外部自动信号控制机器人程序的选择、启动、暂停和继续,当然机器人控制器也可以反馈当前机器人的状态、报警信息等给设备控制层。

1.程序选择和启动

(1)外部自动信号。外部自动信号均通过 Profibus 现场总线实现数据传输,无需硬件接线。图 12-10 所示为机器人外部自动信号,包括输入信号和输出信号。机器人输入信号用于接收设备控制层发送的程序号、控制指令等,对应 TwinCAT PLC 的输出;反之,机器人输出信号用于向设备控制层反馈是否在零位等状态信息,对应 TwinCAT PLC 的输入。

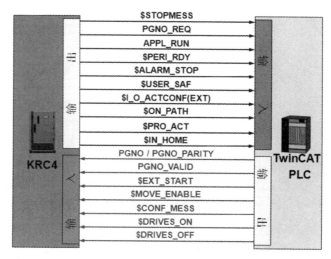

图 12-10　机器人外部自动信号图

(2)外部自动时序。图 12-11 所示为机器人外部自动时序图,设备控制层通过外部自动控制机器人运行,必须按照 KUKA 公司提供的外部自动时序在特定的时间触发相应的外部自动信号。机器人外部自动时序是比较成熟的技术,在此不再赘述。

机器人外部自动时序在 TwinCAT PLC 中完成,TwinCAT 实时系统不断循环扫描,等待用户发送的机器人程序号和外部自动启动信号。在检测到机器人程序号和外部自动启动信号后,触发外部自动时序,进入机器人 CELL. SRC 程序,CELL.SRC 程序中的 SWITCH…CASE 语句根据用户选择的程序号进入相应的子程序,完成子程序的选择和启动,具体机器人外部自动代码如下:

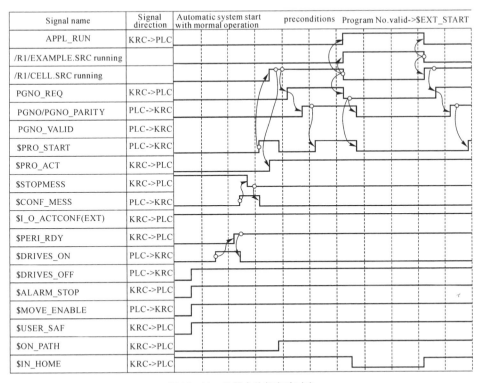

Signal name	Signal direction	Automatic system start with normal operation	preconditions	Program No.valid->$EXT_START
APPL_RUN	KRC->PLC			
/R1/EXAMPLE.SRC running				
/R1/CELL.SRC running				
PGNO_REQ	KRC->PLC			
PGNO/PGNO_PARITY	PLC->KRC			
PGNO_VALID	PLC->KRC			
$PRO_START	PLC->KRC			
$PRO_ACT	KRC->PLC			
$STOPMESS	KRC->PLC			
$CONF_MESS	PLC->KRC			
$I_O_ACTCONF(EXT)	KRC->PLC			
$PERI_RDY	KRC->PLC			
$DRIVES_ON	PLC->KRC			
$DRIVES_OFF	PLC->KRC			
$ALARM_STOP	KRC->PLC			
$MOVE_ENABLE	PLC->KRC			
$USER_SAF	KRC->PLC			
$ON_PATH	KRC->PLC			
$IN_HOME	KRC->PLC			

图 12-11　机器人外部自动时序

//＊＊＊＊＊＊＊＊＊＊＊＊＊＊机器人外部自动时序＊＊＊＊＊＊＊＊＊＊＊＊＊

IF(FlagStartEXT＝TRUE AND INflag_EXT_mode＝TRUE)THEN

IF(INflag_IN_HOME＝TRUE AND　INflag_USER_SAFE＝TRUE)THEN

OUTflag_MOVE_ENABLE:＝TRUE；//MOVE_ENABLE 置高

OUTflag_DRIVES_ON:＝TRUE；//DRIVES_ON 置高

Timer3(IN:＝TRUE，PT:＝t♯0.5s)；//设置延时

//如果 PERI_RDY 为高,则 DRIVES_ON 置低,CONF_MESS 置高

IF(Timer3.Q＝TRUE AND INflag_PERI_RDY＝TRUE)THEN

OUTflag_DRIVES_ON:＝FALSE；

OUTflag_CONF_MESS:＝TRUE；

//如果 STOP_MESS 为低,则 CONF_MESS 置低,EXT_START 置高

Timer4(IN:＝TRUE，PT:＝t♯0.5s)；//设置延时

IF(Timer4.Q＝TRUE AND INflag_STOP_MESS＝FALSE)THEN

OUTflag_CONF_MESS:＝FALSE；

OUTflag_EXT_START:＝TRUE；

```
Timer5(IN：＝TRUE，PT：＝t♯0.5s)；//设置延时
IF(Timer5.Q＝TRUE)THEN
//EXT_START 置低,如果 PGNO_REQ 为 true,则 PROG_VALID 置高
OUTflag_EXT_START：＝FALSE；
IF(INflag_PGNO_REQ＝TRUE)THEN
OUTflag_PROG_VALID：＝TRUE；
END_IF
IF(INflag_PGNO_REQ＝FALSE)THEN
Timer6(IN：＝TRUE，PT：＝t♯0.5s)；//设置延时
IF(Timer6.Q＝TRUE)THEN
OUTflag_PROG_VALID：＝FALSE；
FlagStartEXT：＝FALSE；//程序执行完
……
```

(3)机器人 CELL.SRC 程序。机器人循环扫描 CELL.SRC 程序,在符合机器人外部自动时序的触发条件后,根据用户发送的程序号,CELL.SRC 程序中的 SWITCH…CASE 语句执行程序号对应的子程序,完成子程序的选择和启动。以下为机器人 CELL.SRC 程序:

```
//＊＊＊＊＊＊＊＊＊＊＊＊＊＊＊＊机器人 CELL.SRC 程序＊＊＊＊＊＊＊＊＊＊
DEF   CELL ( )
……
  CHECK HOME ；//机器人执行零位检查
  PTP HOME   Vel＝ 100 ％ DEFAULT；//机器人执行回零程序
  AUTOEXT INI；//外部自动初始化
  LOOP
    P00 (♯EXT_PGNO,♯PGNO_GET,DMY[],0)；//获取程序号
  SWITCH   PGNO ；Select with Programnumber
  CASE 1
    P00 (♯EXT_PGNO,♯PGNO_ACKN,DMY[],0)；//确认程序号
ChangeTool ( )；//调用换刀子程序
  CASE 2
    P00 (♯EXT_PGNO,♯PGNO_ACKN,DMY[],0)；//确认程序号
Drilling1 ( )；//调用制孔子程序 1
……
DEFAULT
    P00 (♯EXT_PGNO,♯PGNO_FAULT,DMY[],0)
```

ENDSWITCH

ENDLOOP

2.程序暂停和继续

子程序的暂停和继续通过机器人的中断实现,机器人系统在不断监听中断,在触发中断的条件满足后执行中断委托的函数。以下代码为机器人程序暂停、继续的中断。当 $IN[10]==$TRUE 时,机器人程序暂停,执行 RESTART 函数,所有运动终止,实现暂停,直到 $IN[11]==$TRUE 即继续信号为 TRUE,机器人程序继续。

```
//**************机器人中断******************
INTERRUPT DECL 20 WHEN $IN[10]==TRUE DO RESTART();//定义中断
INTERRUPT ON 20;//中断开启
……
INTERRUPT OFF 20;//中断关闭
DEF RESTART();//中断执行的函数
BRAKE;//运动终止
WAIT FOR  ($IN[11]);//等待继续信号
END
```

12.3.2　交互控制

RADS 由机器人带动末端执行器实现定位,末端执行器作为最终执行机构完成制孔动作。RADS 的制孔、自动换刀、法向调平等均需要机器人和末端执行器的交互配合才能完成。因此,合理设计机器人和末端执行器之间的交互控制信号、完成二者的交互控制显得尤为重要。

机器人与末端执行器的交互信号见表 12-3,包括法向测量启动信号和法向测量完成信号、法向调平启动信号和法向调平完成信号、法向偏角 A/B、钻孔循环启动信号和钻孔循环完成信号、松刀启动信号和松刀完成信号、拉刀启动信号和拉刀完成信号等。这些信号在 WorkVisual 中配置好后,通过 Profibus 总线实现信号交互。

表 12-3　交互控制信号

方　向	类　型	信　号
KRC->PLC	BOOL	法向计算信号

续 表

方　向	类　型	信　号
PLC —> KRC	REAL	法向偏角 A、B
PLC —> KRC	BOOL	法向计算完成信号
PLC —> KRC	BOOL	法向调平启动信号
KRC—>PLC	BOOL	松刀启动信号
PLC —> KRC	BOOL	松刀完成信号
KRC—>PLC	BOOL	拉刀启动信号
PLC —> KRC	BOOL	拉刀完成信号
KRC—>PLC	BOOL	钻孔循环启动信号
PLC —> KRC	BOOL	钻孔循环完成信号

机器人运动路径及程序由 Delmia 仿真无误后生成,机器人程序中制孔点和非制孔点可以在 Delmia 中标识,通过自主研发的后置处理程序在制孔点后添加机器人与末端执行器的交互信号。最后把包含交互控制指令和运动指令的机器人程序通过系统管理层下载到机器人 KR C4 控制器中。

下面以机器人与钻孔循环的握手信号为例介绍握手信号的交互过程,图 12-12 所示为机器人与钻孔循环握手信号图。机器人到达制孔点上方 20 mm 处,向 PLC 发送法向测量启动信号,PLC 程序开始进行法向测量,如果法向偏差小于 0.5°,则 PLC 向机器人发送法向调平启动信号以及法向偏角 A、B,机器人开始法向调平,调平完成后请求 PLC 再次检测偏角是否小于 0.5°,如果不满足,则继续法向调平,直到偏角小于 0.5°;如果满足,则开始钻孔循环。PLC 中的钻孔循环完成后向机器人发送钻孔循环完成信号,机器人继续运动到制孔点上方,如此往复。

以下为系统管理层的法向调平 C# 程序:

```
//* * * * * * * * * * * * * * * 系统管理层的C#程序* * * * * * * * * *
if(Math.Abs(NC.Angle) < 0.5 * 3.1415926 / 180)
    {//如果偏角小于0.5,各个握手信号复位
        ads.writeBool("MAIN.OUT_PrecisionRight", true);//法向调平完成信号
        ads.writeBool("MAIN.Calculate", false);//法向计算完成
        LabelTip.Text = "法向调平完成!";
        timerNormAdjust.Stop();
```

```
}
else
{//如果计算出来的偏角大于0.5,向机器人发送偏角 A、B 和调平信号
    ads.writeBool("MAIN.OUT_PrecisionRight",false);//法向调平启动
    ads.writeReal(".NormalResultA", Convert.ToSingle(AB[0] * 180 / 3.1415926));
    ads.writeReal(".NormalResultB", Convert.ToSingle(AB[1] * 180 / 3.1415926));
    ads.writeBool("MAIN. Calculate ", true);//法向计算启动
}
```

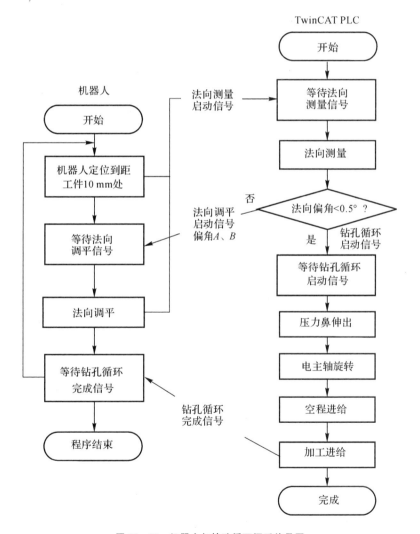

图 12-12　机器人与钻孔循环握手信号图

12.3.3　状态监控

设备控制层除了完成机器人程序的控制、交互控制,还需要进行机器人状态的监控,包括机器人当前 TCP 点在世界坐标系下的坐标、机器人错误代号、机器人当前运行速度、距下一点的距离等。这信号都可以通过 KUKA 提供的系统变量获取,由于 Profibus 总线只能传输 INT 类型和 BOOL 类型数据,所以 REAL 类型的变量要扩大一定倍数再传给设备控制层,设备控制层接收到信号后再除以相应的倍数。

KUKA 机器人包括 robot 编译器和 submit 编译器,机器人系统一启动,submit 编译器便开始运行。系统程序 sps.sub 运行在 submit 编译器下,因此 sps.sub 中的 LOOP 循环随着机器人系统的启动开始运行。

sps.sub 程序中提供用户变量定义段和用户 PLC 程序段。用于状态监控的信号通过 SIGNAL 关键字链接到机器人的输入输出变量上,这些 SIGNAL 类型变量的定义在 sps.sub 程序中用户变量定义段完成,然后在用户 PLC 程序段将要监控的系统变量赋给自定义的变量,实现设备控制层对 KUKA 状态的监控。以下为机器人 sps.sub 程序:

```
//＊＊＊＊＊＊＊＊＊＊＊＊＊＊＊机器人 sps.sub＊＊＊＊＊＊＊＊＊＊＊＊＊＊
DEF SPS（）
……
;FOLD USER DECL//要监控的用户变量定义
SIGNAL ERR_NUM $OUT[369] TO $OUT[400];//错误代号
SIGNAL NEXT $OUT[305] TO $OUT[336];//距下一点的距离
SIGNAL VELACT $OUT[433] TO $OUT[464];//机器人当前速度
DECL E6POS R_POS;//定义 E6POS 结构体存储当前点的坐标
SIGNAL POSACTX $OUT[33]　TO $OUT[64];//当前点 X 坐标
SIGNAL POSACTY $OUT[81]　TO $OUT[112] ;//当前点 Y 坐标
……
SIGNAL POSACTC $OUT[241]　TO $OUT[272] ;//当前点 C 坐标
;ENDFOLD（USER DECL）
;ENDFOLD（DECLARATIONS）
……
LOOP
;FOLD USER PLC 用户 PLC
R_POS= $POS_ACT;//把系统变量 $POS_ACT 赋给自定义的 R_POS
```

POSACTX＝R_POS.X＊1000;//传给 PLC 之前乘以 1000 变为整数

POSACTY＝R_POS.Y＊1000

……

POSACTC＝R_POS.C＊1000

VELACT＝$ VEL_ACT＊1000

ERR_NUM＝$ ERR.number＊1000

;ENDFOLD（USER PLC）

　　ENDLOOP

|12.4　制孔移动平台控制|

移动平台与设备控制层的通信任务比较简单,在此只做简单介绍。

移动平台与设备控制层的通信任务包括移动平台启动信号和移动平台完成信号。设备控制层输出启动信号,控制移动平台启动;移动平台反馈完成信号给设备控制层。

在 RADS 中,移动平台带动机器人和末端执行器实现工位转换。当整个工位的制孔任务全部完成,并且机器人和末端执行器都回到 HOME 点时,设备控制单元通过系统管理层向移动平台发送任务启动信号,移动平台采用独立的控制系统完成其运动控制、视觉循迹和定位锁紧功能,待确认定位锁紧之后,移动平台向设备控制层反馈移动平台到位信号,下一个工位的制孔任务可以开始。

第 13 章

RADS系统管理层设计

RADS 控制软件要正常工作,不仅需要设备控制层的集成控制,还必须有系统管理层的配合才能真正组成一个完整的控制软件。设备控制层是 RADS 的直接控制单元,而系统管理层负责设备的整体调度与管理,是整个 RADS 控制软件的重要组成部分。

|13.1 基于 UML 的系统管理层软件建模|

UML (Unified Modeling Language)中文为统一建模语言,它是一个支持模型化和软件系统开发的图形化语言,为软件开发的所有阶段提供模型化和可视化支持,包括从需求分析到规格,再到构造和配置,主要应用于面向对象的分析与设计。

在明确系统管理层的功能需求后,通过 UML 用例建模描述系统操作人员及其对系统的功能要求。然后进入分析阶段,针对系统分析层主要的功能模块和机制,用 UML 类图来描述系统类以及它们相互间的关系。

13.1.1 用例分析

根据 RADS 软件功能需求分析,系统管理层应该具有加工管理、程序管理、参数管理、系统诊断、人机交互、设备控制层与系统管理层的通信等功能,辅助设

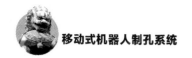

备控制层完成 RADS 的整体调度与管理。

　　系统管理层按功能划分为 6 个模块:加工模块、程序模块、参数模块、诊断模块、人机交互模块、通信模块。加工模块实现加工过程中的坐标监控、程序显示、主轴监控、工位监控、系统运行状态以及运行模式选择等;程序模块为用户提供程序管理和程序编辑的界面;参数模块供用户修改系统运行的相关参数,主要包括刀具参数、主轴参数、工作区域参数等;诊断模块帮助用户排查系统错误原因,由报警记录、加工记录、输入输出点的状态等组成;人机交互模块提供操作人员和制孔设备的交互接口;通信模块提供系统管理层与设备控制层的数据交互。

　　图 13-1 所示为系统管理层 UML 用例图,用来描述用户、需求、系统功能单元之间的关系。操作人员通过登录用例进入人机交互单元,给用户提供操作 RADS 的人机接口;人机交互单元调用加工、程序、参数、诊断、通信等用例,实现 RADS 的加工管理、程序管理、参数管理、系统诊断、设备控制层与系统管理层的通信等功能。

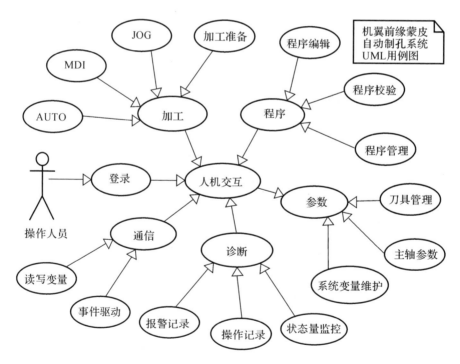

图 13-1　系统管理层 UML 用例图

13.1.2　类图设计

可根据系统管理层的 UML 用例图,明确系统管理层的功能需求,采用面向对象的方法,在 VS C♯.NET 平台下对面向对象系统中最重要的构造块——类进行构建,并对系统管理层的 ADS 读写类、加工程序管理类、加工程序编辑类、制孔加工类、系统诊断类等关键类进行设计和构建。

图 13 - 2 所示为系统管理层 UML 类图,它显示了系统管理层的类、接口以及它们之间的静态结构和关系,用于描述系统的结构化设计。

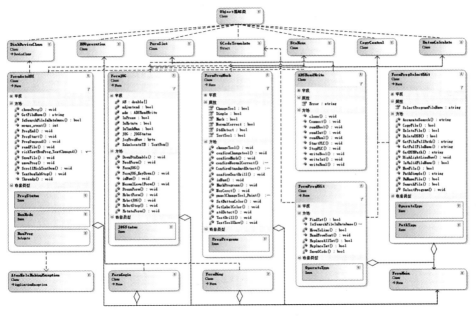

图 13 - 2　系统管理层 UML 类图

|13.2　系统管理层功能模块设计|

系统管理层按功能分为 6 个模块:通信模块、加工模块、程序模块、参数模块、诊断模块和人机交互模块,图 13 - 3 所示为系统管理层功能模块图。通信模块负责设备控制层和系统管理层的通信;加工、程序、参数、诊断模块分别完成加工管理、程序编辑和管理、参数管理、安全诊断和监控等;人机交互模块完成操作

者和制孔设备的交互。下面分别从这 6 个模块的详细设计来介绍系统管理层的实现。

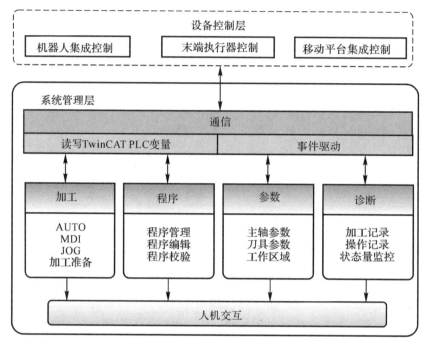

图 13-3　系统管理层功能模块图

13.2.1　通信模块

通信模块实现系统管理层与设备控制层之间的数据交互,通过 Beckhoff 公司提供的 ADS 协议完成。

ADS(Automation Device Specification)协议是 Beckhoff TwinCAT 系统的传送层,可以管理 TwinCAT 和 Windows 程序之间的数据交换。Beckhoff 公司提供 TwinCAT.Ads.dll 类库用于 TwinCAT 与.NET 平台进行外部通信。利用 TwinCAT.Ads.dll 提供的方法,运行在.NET 平台上的程序可以与其他的 ADS 设备(如 I/O、PLC、NC/CNC 等)进行通信,从而在 Visual C♯.NET 中可以存取 TwinCAT PLC 服务器中的不同变量,控制系统设备执行动作和反馈当前系统的状态。

TwinCAT.Ads.dll 提供了大量关于变量连接、读写、事件驱动、启动停止 PLC 的功能函数。用户可以根据实际需求,通过同步或者异步的方式对

TwinCAT 变量进行访问。

1.读写变量

TwinCAT PLC 变量的读写是系统管理层与设备控制层通信的主要内容。C♯ 读写 TwinCAT PLC 变量的实质是通过相关联的两个变量相互赋值而得到,因此为了实现 C♯ 与 TwinCAT 之间的通信连接,首先要建立与 TwinCAT ADS 客户端的连接,然后通过生成 PLC 变量唯一的句柄对变量进行读写,最后删除创建的所有句柄,关闭通信连接,释放无用的内存,减少内存开销。

为提高代码的可重用性和可扩展性,本节设计 ADSReadWrite 类库,在 C♯ 中实现与 TwinCAT 变量的读写访问。这样当其他窗体或者工程需要读写 TwinCAT PLC 变量时,只须添加 ADSReadWrite 类库的引用、生成类库的实例就可以调用这个类库中的字段和方法,有利于提高程序开发效率,便于代码维护。

ADSReadWrite 类库主要包括 1 个字段、8 个方法:通信错误 Error 字段以及通信连接,通信关闭,读写 Bool、Int、Real3 种类型变量的方法。图 13－4 所示为 ADSReadWrite 类的字段和方法定义。下面的代码以写 Bool 型 TwinCAT 变量为例,介绍通过 ADS 读写 TwinCAT 变量。

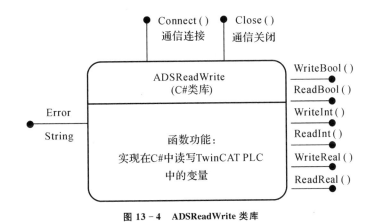

图 13－4 ADSReadWrite 类库

```
// * * * * * * * * * * * * *ADS通信的连接函数* * * * * * * * * * * * *
private TcAdsClient tcclient;//定义 ADS 客户端
    public void Connect()
    {
        tcclient = new TcAdsClient();//实例化 ADS 客户端
        tcclient.Connect(801);//TwinCAT 默认端口为 801
    }
```

```
//************ADS通信关闭函数*****************
    public void close()
    {
        tcclient.Dispose();//注销生成的 TwinCAT 实例
    }
//***********写 bool 型 PLC 变量的函数*************
public void writeBool(string boolName, bool value)
    {
        hvar = tcclient.CreateVariableHandle(boolName);//创建句柄
            AdsStream datastream = new AdsStream(1);  //bool 值位为 1
            BinaryWriter binwrite = new BinaryWriter(datastream);
            datastream.Position = 0;
            binwrite.Write(value);//写值
            tcclient.Write(hvar, datastream);
            tcclient.DeleteVariableHandle(hvar);//删除句柄
    }
public void readBool(string boolName, out bool value){
//读取 bool 型 PLC 变量}
```

2.事件驱动

C♯人机界面与中央控制器通信的另外一个内容是事件驱动函数。由于工业上考虑到触摸屏易产生误操作,而普通键盘、鼠标操作不便,所以用 Beckhoff 面板左、右两侧共 16 个 PLC 按键实现人机界面的操作,如图 13-5(a)所示。具体实现通过点击相应的 PLC 按键实现 C♯人机界面相应 button 的后台点击事件。

ADS 提供事件通知函数 AddDeviceNotification,触发方式有两种:当监控的变量发生变化或者周期性交替(如枚举型变量 AdsTransMode 有 OnChange 和 Cyclic 两种取值)时,ADS 客户端会在触发时向用户发送 AdsNotification 事件通知。AdsNotificationEventHandler 是 TcAdsClient 类中的委托,在 AdsNotification 事件发生后,系统会回调 AdsNotificationEventHandler 中订阅的方法。

下面的程序代码为实现面板两侧 PLC 按键触发后台鼠标单击事件的过程:首先添加面板两侧 PLC 按键的事件通知函数,触发方式为 OnChange;然后设计委托 AdsNotificationEventHandler 的订阅方法 OnNotification,OnNotification 实现鼠标的后台点击事件。当按键状态发生变化时发送事件通知,系统回调 OnNotification 中的鼠标后台点击事件。用面板 PLC 按键控制界面的流程图如图 13-5(b)所示。

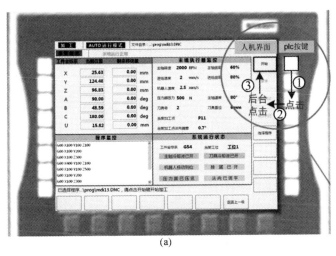
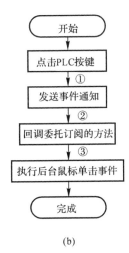

(a)   (b)

图 13-5　用 PLC 按键控制界面的流程图

(a)事件触发实物图；(b)流程图

/// ＊＊＊＊＊＊＊＊＊＊＊＊＊向面板两侧 PLC 按钮事件通知＊＊＊＊＊＊＊＊＊

public void adsInitual()

       {

          ……

          hConnect[0] = tcclient.AddDeviceNotification(".button9", dataStream, 0,

1，AdsTransMode.OnChange，100，0，result[0]);//添加事件通知

          ……

          hConnect[7] = tcclient.AddDeviceNotification(".button16", dataStream,

8，1，AdsTransMode.OnChange，100，0，result[7]);

            tcclient. AdsNotification ＋ ＝ new AdsNotificationEventHandler

(OnNotification);

//订阅事件

     }

// ＊＊＊＊＊＊＊＊＊AdsNotificationEventHandler 委托订阅的方法＊＊＊＊＊＊＊

      public void OnNotification(object sender，AdsNotificationEventArgs e)

      {

      Point PX＝MousePosition;

      e.DataStream.Position ＝ e.Offset;

      switch (e.NotificationHandle)

      {//鼠标左键按下和弹起构成鼠标单击事件

```
                    case 1:
                        if (binRead.ReadBoolean())    //为 true,鼠标左键按下
                        {
                            SetCursorPos(986, 105); //将鼠标定位到要点击的
//button 位置
                             mouse_event(MOUSEEVENTF_LEFTDOWN , 0, 0, 0,
0);
                        }
    else    //为 false,鼠标左键弹起
                        {
                            SetCursorPos(986, 105);
                            mouse_event( MOUSEEVENTF_LEFTUP, 0, 0, 0, 0);
    }
    ......
    }
    }
```

13.2.2 加工模块

加工模块是 RADS 系统管理层最重要的一个模块,分为 AUTO(自动运行)、MDI(半自动运动)、JOG(手动控制)和加工准备四个部分。AUTO 模式供操作人员选择校验无误的加工程序自动完成制孔,同时提供程序监控、坐标监控、状态监控等功能;MDI 模式供操作人员编写简短的调试程序,校验无误后调试运行;在 JOG 模式下操作人员可以分步完成制孔工作,包括机器人单轴运动、末端执行器单步控制;加工准备用于完成制孔前的准备工作,包括基准孔检测、法向校正、换刀、试刀、预标记等。AUTO 模式是用户最常用的模式,也是最关键的制孔控制模式,下面以 AUTO 模式为例介绍加工模块的设计。

图 13-6 所示为加工模块 AUTO 模式流程图,制孔加工过程由设备控制层和机器人 KR C4 完成基准偏差数据、法向调平启停信号、钻孔启停信号等的数据传输;系统管理层加工模块和设备控制层之间主要完成机器人程序号、程序暂停继续信号、当前运行行号以及坐标状态监控等的数据交互。

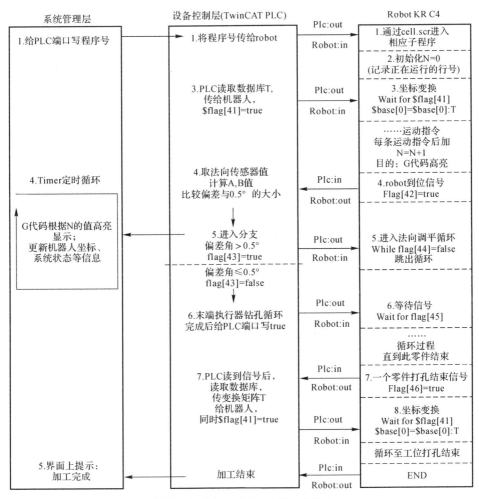

图 13 - 6　加工模块 AUTO 模式流程图

13.2.3　程序模块

程序模块主要提供程序管理、程序编辑、程序校验 3 个子功能。程序管理包括系统/USB 之间的相互拷贝、下载程序、新建程序、删除程序、重命名程序、搜索程序以及打开程序等功能;程序编辑功能主要包括常规的光标定位、复制、粘贴、查找、替换、撤销、恢复;程序校验功能,即检测用户编辑的程序有无语法、词法错误,只有程序校验合格后才可以在自动加工时供操作人员选择。程序编辑和程序管理的实现比较简单,下面主要介绍程序校验功能的实现。

　　一个完整的数控加工程序是由若干程序段组成的,国际标准化组织制订的ISO4683-1-1982程序段标准规定的格式如下:G…X±…Y±…Z±…I±…J±…K±…M…S…T…F…。参考常见数控系统指令,并对未指定指令进行扩展,制定了RADS控制指令,表13-1为部分RADS控制指令。使用RADS指令系统可以生成.DNC格式的制孔程序。

　　程序校验功能通过DNC编译器实现,DNC编译器主要由词法分析、语法分析、目标代码生成和出错处理组成。DNC编译器以块为单位读入用户编写的DNC程序,然后通过语法检测是否出现“程序以数字或非法字符开头、负号前面出现了非坐标功能字”等错误,经过词法检测有无“非法指令代码、功能相近或功能相斥的指令代码重用”等错误,最后将符合规范的DNC代码翻译成机器人语言。图13-7所示为DNC编译器的工作流程图。

表13-1　部分RADS控制指令

指　令	含　义	指　令	含　义
G00	快速运动指令	M00	程序暂停
G01	直线运动指令	M02	主程序结束
G02	圆弧运动指令	M04	主轴旋转
G20	机器人回零	M05	主轴停止
G21	末端执行器回零	M06	换刀
CYCLE81	钻孔循环	M79	法向调平

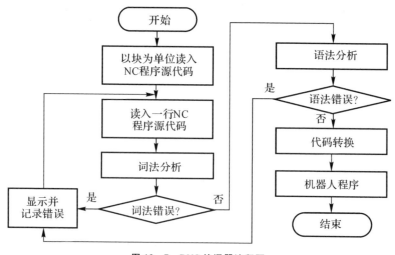

图13-7　DNC编译器流程图

13.2.4　参数模块

　　参数模块主要对 RADS 参数进行设置和维护,其中包括刀具管理、主轴参数管理、机器人工作区域限制以及全局变量维护。

　　RADS 具有自动换刀功能,不可避免地要对刀具参数进行维护。刀具参数主要包括查看、修改、新增、删除刀具,刀具参数的维护通过数据库操作实现;主轴参数、机器人工作区域限制则通过 ADSReadWrite 类库和 Profibus 总线直接读写电主轴和机器人的系统参数,达到参数设置的目的。

　　系统全局变量包括机器人相关参数、进给电机相关参数、电主轴相关参数、现场输入输出设备参数等,而同一个参数可能被多个窗体使用,这就可能造成参数不同步或者 ADS 堵塞等问题。为解决以上问题,可设计静态 ParaList 参数类用于实现各个窗体之间的参数同步,减少通过 ADS 读取参数占用的系统资源。以下为 ParaList 参数类的代码:

```
// * * * * * * * * * * 系统参数表,用于各窗体间同步参数 * * * * * * * * * * *
public class ParaList
    {
……
        // 1.机器人参数
public static Single[] KukaLocats;//机器人位置参数
        public static bool FlagSuspend;//机器人暂停
        public static bool KukaArrived;//机器人移动到位
        public static bool IsInHome;//机器人是否在 HOME 点
……
        // 2.进给电机参数
        public static float FeedVel;//进给电机实时速度
        public static float FeedPosition;//进给电机进给位置
……
        // 3.电主轴参数
        public static float SpindleSpeed;//电主轴转速
……
        // 4.传感器等输入、输出量
        public static bool IsLeveled;//是否已调平
public static bool isprocess;//是否加工中
```

```
public static bool ischange;//是否换刀中
public static bool[] InToolBox;//共 8 个,刀库的刀具在位传感器信号
……
}
```

13.2.5　诊断模块

诊断模块主要包括报警、报警记录、操作记录和 PLC 状态 4 部分,用于帮助操作人员排查设备错误原因。其中报警用于查看当前出现的报警信息,在报警解除后将报警信息确认,以便后续继续操作。报警部分比较容易实现,在此不再赘述。下面主要就报警记录、操作记录和 PLC 状态的设计和实现进行阐述。

1.报警记录和操作记录

操作记录和报警记录的设计和实现方法基本相同,因此下面以报警记录为例,详细介绍其设计和实现过程。

RADS 报警信息来源广泛,引起报警的原因也很多。首先对报警来源进行分析,其主要有电主轴、进给电机、机器人等硬件设备报警,光幕、安全扫描仪等安全防护报警,软件报警和人为操作报警 4 类错误源。其中软件错误和人为操作错误可以通过软件调试和操作人员培训来避免,因此 RADS 的主要报警源为硬件设备报警和安全防护报警。

针对报警源的分析,将所有可能的报警信息建立成数据库(见表 13 - 2),包括报警代号、报警信息、报警源、报警等级等属性,其中报警代号为主键。当报警发生时根据其报警代号,就可以在数据库中查找其报警详细信息、报警源等,实现与应用程序尽量小的冗余度,也可以作为键值表提供给用户辅助查询报警信息和来源。

表 13 - 2　报警信息汇总表 ErrorList

ID	报警代号	报警信息	报警源	报警等级
1	1001	激光扫描仪范围内出现障碍物	激光扫描仪	2
2	1101	急停按钮被按下	急停按钮	1
3	1201	光幕 1(2)内出现障碍物	光幕	2
4	2001	机器人第 1(2,3,…,6)轴达到极限位	机器人	4
5	2007	机器人超出安全范围	机器人	3

续 表

ID	报警代号	报警信息	报警源	报警等级
6	3001	进给电机达到负(正)极限	进给电机	4
7	3101	电主轴报错:超速(温度过高)	电主轴	4
8	3201	相机报错:连接错误(超出范围)	相机	5
9	4001	ADS 连接失败	倍福工控机	5
...	...	......	......	...

根据报警性质的不同设置不同的报警等级,并根据报警等级的不同采取不同的处理措施。对于报警等级 1~3,通过继电器控制机器人、电主轴、进给电机等强电断电,电机抱闸,并且程序中止,发出紧急故障信号;对于等级 4~5,正在运行的加工程序中止,发出一般报警信号。

2.PLC 状态

PLC 状态实现对输入输出设备状态的实时监控,当加工出现故障时,辅助完成故障源的排查。PLC 状态分为输入量和输出量两部分,输入量主要包括刀具在位传感器、气缸磁环、限位开关、急停按钮、安全扫描仪等数字量以及法向传感器、锪窝传感器、电主轴温度等模拟量;输出量主要包括机器人、电主轴、进给电机等上电继电器、松拉刀电磁阀、压紧电磁阀等数字量以及压力脚比例阀等模拟量。

PLC 状态监控通过通信模块 ADSReadWrite 类读取当前输入输出设备的状态,并以指示灯的形式直观显示,帮助操作人员排查系统报警原因。

13.2.6　人机交互模块

人机交互模块又称人机界面,是人与 RADS 之间传递、交换信息的媒介和对话接口,是 RADS 的重要组成部分。它可实现信息的内部形式与人类可以接受形式之间的转换。人机交互模块提供给用户简洁、友好的接口,方便用户操作制孔设备、查看状态信息、管理程序等。

图 13-8 所示为 RADS 自动加工界面。主界面 1 区为系统模块、运动模式、程序路径、当前时间、报警信息等的显示区;主界面 2 区为系统坐标监控、状态监控、末端执行器监控、程序监控区;主界面 3 区为操作信息提示区;主界面 4 区为

操作选择按钮。

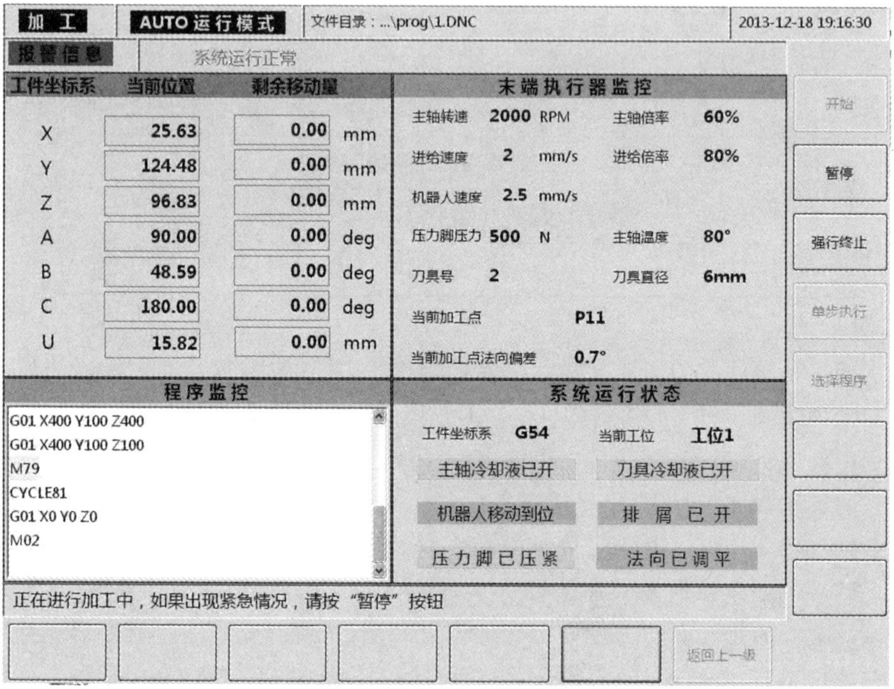

| 加工 | AUTO 运行模式 | 文件目录：...\prog\1.DNC | 2013-12-18 19:16:30 |

报警信息 　　　系统运行正常

工件坐标系　当前位置　剩余移动量

	当前位置	剩余移动量	
X	25.63	0.00	mm
Y	124.48	0.00	mm
Z	96.83	0.00	mm
A	90.00	0.00	deg
B	48.59	0.00	deg
C	180.00	0.00	deg
U	15.82	0.00	mm

末端执行器监控

主轴转速	2000 RPM	主轴倍率	60%
进给速度	2 mm/s	进给倍率	80%
机器人速度	2.5 mm/s		
压力脚压力	500 N	主轴温度	80°
刀具号	2	刀具直径	6mm
当前加工点	P11		
当前加工点法向偏差	0.7°		

程序监控

```
G01 X400 Y100 Z400
G01 X400 Y100 Z100
M79
CYCLE81
G01 X0 Y0 Z0
M02
```

系统运行状态

工件坐标系	G54	当前工位	工位1
主轴冷却液已开		刀具冷却液已开	
机器人移动到位		排屑已开	
压力脚已压紧		法向已调平	

正在进行加工中，如果出现紧急情况，请按"暂停"按钮

开始　暂停　强行终止　单步执行　选择程序　返回上一级

图 13 - 8　RADS 自动加工界面

第 14 章

制孔机器人系统原型实现与实验验证

|14.1 制孔系统原型实现|

移动机器人自动制孔系统原型机如图 14 - 1 所示。其可通过 Beckhoff TwinCAT PLC 对末端执行器、机器人和移动平台等进行集成与协同控制,基于 Visual C♯.NET 开发管理层人机界面 HMI 与操作人员进行交互;利用 API T3 激光跟踪仪完成坐标系的标定与转换,得到刀具坐标系和视觉坐标系在法兰坐标系中的转换矩阵;同时采用 Visual C♯.NET 和 MATLAB 开发了法向调平和基准找正算法程序模块,并通过 TwinCAT ADS 实现 HMI 和 PLC 的通信,再由 PLC 通过 Profibus 总线与机器人进行交互。

制孔时移动平台承载机器人及末端执行器到达指定工位,识别地标停车并锁紧,机器人发送到位信号给 PLC,PLC 将修正后的坐标系信息及法向矫正角度传输给机器人端 I/O 口,在完成基准找正和法向调平后,机器人反馈信号给 PLC,然后 PLC 给末端执行器发送开始制孔信号,此时机器人保持原位等待制孔循环完成信号,之后继续下一点制孔。图 14 - 2 所示为制孔末端执行器和柔性刀库原型。

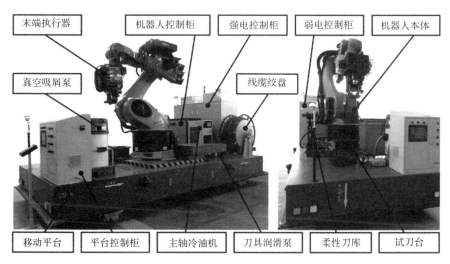

| 末端执行器 | 机器人控制柜 | 强电控制柜 | 弱电控制柜 | 机器人本体 |

| 真空吸屑泵 | | 线缆绞盘 |

| 移动平台 | 平台控制柜 | 主轴冷油机 | 刀具润滑泵 | 柔性刀库 | 试刀台 |

图 14 - 1　移动机器人自动制孔系统原型机

压力鼻

导引套

(a)

(b)

图 14 - 2　制孔末端执行器及柔性刀库原型

(a)制孔末端执行器；(b)柔性刀库

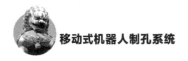

14.2 制孔参数实验

14.2.1 主轴运动参数

本制孔系统中制孔时,电主轴的关键运动参数主要包括电主轴转速和工进速度,合理选择制孔参数有利于减小刀具磨损并提高制孔质量。以机翼前梁上所用 $\phi 5.898$ mm 的刀具为例,选用与机翼前梁同型号的材料 7075 航空铝材进行多组制孔实验,并记录制孔过程中孔的质量与噪声情况,见表 14-1。由表中所述实验现象,可得直径 $\phi 5.898$ mm 刀具的较优制孔参数为 3 000 r/min,工进速度为 150 mm/min。同理可得制孔系统中所有直径刀具的较优制孔参数(见表 14-2)。

表 14-1 刀具 $\phi 5.898$ mm 参数实验数据

电主轴转速 $r \cdot min^{-1}$	工进速度 $mm \cdot min^{-1}$	实验现象
2 000	120	毛刺大、噪声小、光洁度差
2 000	150	毛刺大、噪声小、碎屑堆积
2 500	150	毛刺小、噪声小、碎屑堆积
2 500	200	毛刺小、噪声小
3 000	150	孔光洁度良好、几乎无毛刺、噪声小
3 000	200	毛刺增多、噪声小
3 000	250	毛刺多、噪声大
3 500	150	毛刺增多、噪声大

表 14-2 刀具较优制孔参数

刀径/mm	电主轴转速/($r \cdot min^{-1}$)	工进速度/($mm \cdot min^{-1}$)
$\phi 5.373$	5 000	150
$\phi 5.898$	3 000	150
$\phi 7.251$	6 000	150
$\phi 9.21$	4 000	280

14.2.2　压力脚压紧力

1.压紧力分析与计算

制孔系统采用6自由度工业机器人作为末端执行器的承载平台,由于该型工业机器人是非闭环的悬臂机械系统,其刚度受制于自身机械机构及驱动电机的机械刚度,当进行制孔、机器人受到钻削反作用力时,容易产生震颤甚至共振,最终影响末端执行器的定位,导致所制孔质量下降或破坏。因此本自动制孔系统末端执行器设计有压紧单元,可在制孔时压紧待制孔工件。图14-3所示为制孔时,电主轴进给制孔之前,压力脚压紧待制孔零部件示意图。

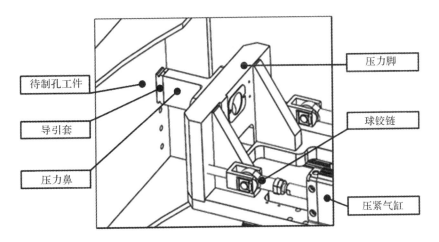

图14-3　压力单元工作示意图

压紧的主要作用包括:①使结构紧凑,增加系统的刚度;②消除待制孔工件之间的叠层材料之间的间隙,防止叠层间进入毛刺,如图14-4所示;③能够补偿重力对末端执行器姿态造成的影响。

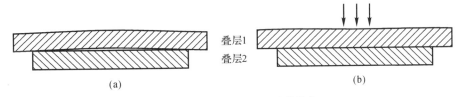

图14-4　压紧力对叠层间隙的影响

(a)工件叠层间隙;(b)压紧后结果

通过施加适当的压力能够提高机器人系统的刚度和稳定性,在一定限度下,压紧力越大,压力鼻与工件贴合得越紧密,机器人关节和待加工零部件的预变形越充分,制孔时的振动就越小,也就越能保证所制孔的精度和质量,但压紧力过大会导致局部变形过大,反而会降低所制孔的精度。制孔系统压紧单元采用FESTO 的 VPPM 系列比例调压阀,其参数指标见表 14-3,该比例调压阀采用闭环控制方案实时控制压紧力,保证了制孔过程中压紧力的精确控制和反馈监控。

表 14-3 VPPM 比例调压阀参数

调压范围/MPa	线性误差/(%)	调节精度/(%)	重复精度/(%)	电流信号/mA
0.06~0.6	±0.5	1	0.5	4~40

在设备调试及试件加工过程中,须对压紧力进行仿真实验,给出指定工件制孔适用的压紧力范围。以机翼前梁待制孔工件为例,其材料为 7075 铝合金,制孔部位 2 层零件共厚约 11 mm,通过仿真测试,可得到不同的压紧力与对应的工件局部的最大静态位移之间的关系(见图 14-5)。

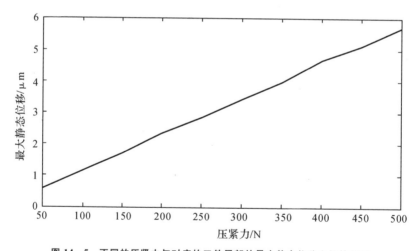

图 14-5 不同的压紧力与对应的工件局部的最大静态位移之间的关系

又有研究表明,压紧力能够减小钻削轴向力对叠层的影响,如图 14-6 所示,钻削轴向力较大时会导致所制孔的出口质量明显下降,以直径 ϕ5.898 mm 刀具为例,根据经验公式确定其较优制孔工艺参数下的钻削轴向力 F_z 为

$$F_z = Cd^X f^Y k \tag{14-1}$$

其中：F_z 为钻削轴向力（N）；f 为进给量（mm/r）；d 为刀具直径（mm）；系数 C、X、Y 与待制孔零部件材料及厚度、刀具材料及外形有关；k 为修正系数。根据机械工艺手册取 $C=410$，$X=1.2$，$Y=0.75$，$k=1.197$，进给量 f 与工进速度的关系如下，其中电主轴转速 $n=3\,000$ r/min，工进速度 $s=150$ mm/min：

$$f = \frac{s}{n} = 0.05 \text{ mm/r} \tag{14-2}$$

将上述参数代入式（14-1），可得

$$F_z = 410 \times 5.898^{1.2} \times 0.05^{0.75} \times 1.197 = 436.47(\text{N}) \tag{14-3}$$

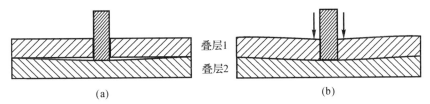

图 14-6　叠层工件制孔压紧前后对比

(a)钻削力引起的间隙；(b)压紧后结果

同时再采用 S 型称重传感器进行压紧力测试实验，得到实际的压紧力与程序设定压紧力参数的偏差随着压紧力的增大而具有增大的趋势，在压紧力超过 500 N 之后出现约 2% 的偏差，因此，在压紧力设定时：①尽量增大压紧力，使得系统刚度尽可能大，同时保证零部件变形位移合理（不超过 1 μm）；②保证压紧力能够尽可能地抵消钻削轴向力，使得夹层间隙尽可能小；③选择系统能够精确控制的压力范围（500 N 以内）。综上，采用直径 $\phi5.898$ mm 刀具制孔时，其压紧力控制范围可取 $150 \sim 400$ N 之间，具体根据现场零部件的外形曲率选取。

2.压紧力测试实验

为了明确末端执行器压紧单元对待制孔工件的压紧力精度，采用 S 型称重传感器（精度为 $\pm0.2\%$）采集压力脚实际输出的压紧力，并与上位机输入比例调压阀的控制的理论压力对比，得到压紧力控制精度，设计要求满量程精度 $\pm10\%$（$10 \sim 100$ kg），测量后实际压紧力 F_A 和理论压紧力 F_T 的偏差计算公式如下：

$$\delta = \frac{|F_A - F_T|}{F_T} \leqslant 10\% \tag{14-4}$$

实验中分别测量末端执行器水平状态和竖直状态时压力脚的压紧力，实验现场如图 14-7 所示，并记录测试数据（见表 14-4）。

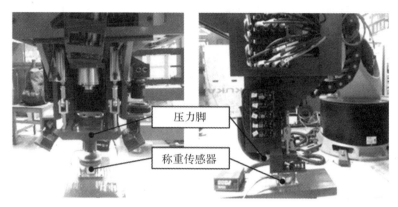

图 14 - 7　压紧力测试现场

表 14 - 4　压力脚压紧力测试数据

序　号	水平状态压紧力			竖直状态压紧力		
	理论/kg	实测/kg	偏差/(%)	理论/kg	实测/kg	偏差/(%)
1	15.80	16.27	2.89	16.10	16.37	1.65
2	17.70	17.82	0.67	18.20	18.28	0.44
3	19.60	20.39	3.87	20.00	20.20	0.99
4	21.60	22.27	3.01	22.00	22.12	0.54
5	23.50	23.70	0.84	24.00	24.04	0.17
6	25.30	25.89	2.28	26.10	25.95	0.58
7	27.40	28.09	2.46	28.00	27.87	0.47
8	29.50	30.27	2.54	30.00	29.79	0.70
9	31.50	31.64	0.44	32.00	31.71	0.91
10	33.00	33.15	0.45	33.90	33.62	0.83

　　由表 14 - 4 可知,在不同姿态时,上位机输出的理论压紧力和实测压力鼻端实际压紧力的偏差均小于满量程精度±5%,符合技术要求。

|14.3 制孔实验验证|

14.3.1 制孔质量

　　制孔实验是为了测试制孔系统的所制孔是否符合制孔工艺要求的精度,实验中采用与待制孔工件同样的铝合金模拟试验件,并对不同直径的刀具参数进行实验,选择表 14－2 中该直径刀具较优制孔参数,模拟试验件采用平面和曲面两种,模拟实际制孔工况,平面模拟试验件制孔情况如图 14－8 所示,曲面模拟试验件制孔情况如图 14－9 所示。

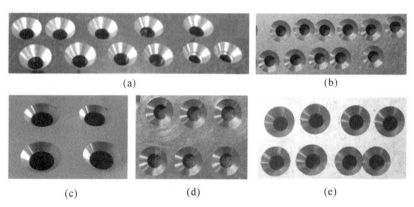

(a)　　　　　　　　　　　　　　　(b)

(c)　　　　　(d)　　　　　(e)

图 14－8　平面模拟试验件

(a)2024 铝合金 ϕ6 孔;(b)7075 铝合金 ϕ6 孔;

(c)2024 铝合金 ϕ10 孔;(d)7575 铝合金 ϕ6 孔;(e)7075 铝合金 ϕ8 孔

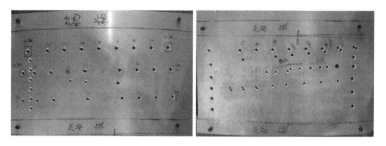

图 14－9　曲面 7575 铝合金模拟试验件

制孔完成后,对所制孔的垂直度、孔径精度、表面粗糙度、位置度、锪窝精度
等指标进行评价,如图 14-10 所示。其中孔的位置采用激光跟踪仪测量孔距基
准孔的距离和孔间距,孔径精度采用标准塞规检测,垂直度测量时孔内塞入对应
孔径的标准铆钉后用塞尺测量间隙,锪窝精度采用游标卡尺测量铆钉上端面和
工件表面距离,表面粗糙度通过标准块对比得到。随机选取其中 6 个孔的检测
数据,得到如表 14-5、表 14-6 和表 14-7 所示数据及其分析。

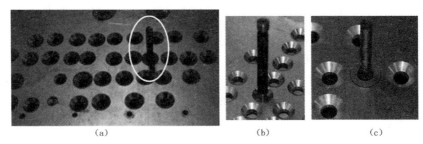

(a)   (b)   (c)

图 14-10　孔质量检测

(a)孔径检测 1;(b)孔径检测 2;(c)锪窝深度检测

表 14-5　孔质量数据分析

孔序号	孔径精度/mm	表面粗糙度/μm		锪窝精度/mm	垂直度偏差/(°)
		孔内壁	锪窝面		
1	≤0.036	≤1.6	≤3.2	0.02	0.33
2	≤0.036	≤1.6	≤3.2	−0.02	0.26
3	≤0.036	≤1.6	≤3.2	0.02	0.41
4	≤0.036	≤1.6	≤3.2	0	−0.18
5	≤0.036	≤1.6	≤3.2	0.01	0.10
6	≤0.036	≤1.6	≤3.2	0.02	0.06

表 14-6　孔间距数据分析

孔序号-孔序号	实测间距/mm	理论间距/mm	孔间距误差/mm
1-2	31.973 319 19	32.126 319	−0.152 999 814
2-3	32.058 973 47	32.126 319	−0.067 345 529
3-4	32.210 949 72	32.126 319	0.084 630 722

续 表

孔序号-孔序号	实测间距/mm	理论间距/mm	孔间距误差/mm
4－5	32.252 126 01	32.126 319	0.125 807 013
5－6	32.193 951 93	32.126 319	0.067 632 929

表 14－7　加工孔与基准孔距离数据分析

孔序号-基准孔 J_1	实测间距/mm	理论间距/mm	孔间距误差/mm
1－J_1	257.154 116 8	257.010 552	0.143 564 841
2－J_1	225.181 79	224.884 233	0.297 556 974
3－J_1	193.122 822 2	192.757 914	0.364 908 215
4－J_1	160.911 928 9	160.631 595	0.280 333 887
5－J_1	128.659 898 6	128.505 276	0.154 622 586
6－J_1	96.466 015 5	96.378 957	0.087 058 495

由表中数据及其分析可知,所制孔的孔径精度满足 DH9,表面粗糙度 $Ra \leqslant$ 3.2 μm,锪窝精度为 $0 \sim 0.05$ mm,垂直度为 $90° \pm 0.5°$,间距与排距误差 $\leqslant \pm 0.5$ mm,均满足制孔精度要求。

利用模拟试验件进行制孔系统性能实验完毕后,当所有检测项目均经甲方专职检验人员检测合格后,采用大飞机机翼梁和前缘蒙皮进行产品加工验证实验,图 14－11 所示为大飞机前梁和后梁中平面型工件制孔样例,在平面上制孔时只要保证基准孔的位置垂直度控制合理,制孔时无须在每个待制孔位置进行法向调平,图 14－12 所示为大飞机机翼前缘蒙皮曲面型工件预标记与制孔样例,在曲面产品制孔加工时,由于每个待制孔的位置的曲率均不同,所以除了基准孔处需要法向调平外,所有待制孔处均需要进行法向调平后方可制孔。

移动机器人制孔系统加工大飞机机翼产品完毕后,经检验,证明产品上所制孔的质量与模拟试验件实验结果相同,其制孔的孔径精度满足 DH9,表面粗糙度 $Ra \leqslant 3.2$ μm,锪窝精度为 $0 \sim 0.05$ mm,垂直度为 $90° \pm 0.5°$,间距与排距误差 $\leqslant \pm 0.5$ mm,均满足制孔精度要求。

图 14－11　平面产品验证

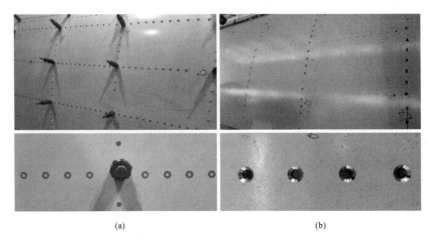

(a)   (b)

图 14 - 12　曲面产品验证
(a)预标记；(b)产品验证

14.3.2　制孔效率

图 14 - 13 所示为单个孔的自动钻孔循环过程,期间电主轴和进给滑台配合动作,其中包括快退、快进、慢进、工进、慢退、快退 6 个工作环节。其中快退为进给滑台带动电主轴从零位运动至刀具检测处,运动距离为 L_1,在此过程中,刀具检测传感器判断刀具是否断裂,若刀具完好,则滑台快进距离 L_2 至导引套前,此时电主轴开始低速旋转慢进距离 L_3 至距离零部件表面距离 D 处,然后电主轴以制孔工艺参数运转工进距离 L_4 钻透孔,连续工进距离 L_5 完成锪窝,制孔完成后为防止刀具划伤孔内壁,滑台低速慢退至距离零部件表面距离 D 处,再高速快退至进给滑台零位,至此钻孔循环完成,其余孔循环过程类似,在机器人制孔过程中,钻孔循环的时间是影响制孔效率的主要因素。

根据上述钻孔循环过程,得到单个孔钻孔完成的时间计算如下:

$$t_d = t_1 + t_2 + t_3 + t_4 + t_5 + t_6 + t_7 \qquad\qquad (14-5)$$

式中:t_d 为钻孔循环总时间;t_1 为快退时间;t_2 为快进时间;t_3 为慢进时间;t_4 为工进时间;t_5 为慢退时间;t_6 为快退时间;t_7 为压力脚伸出至压紧时间。

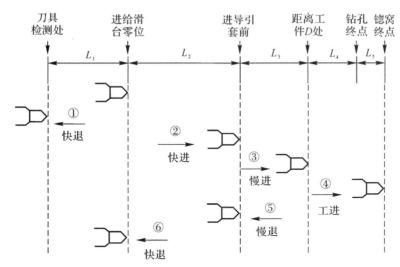

图 14 - 13　单个孔的自动钻孔循环过程

以制孔工艺参数中最低工进速度 150 mm/min 为例,根据实际加工过程统计时间(见表 14 - 8)。

表 14 - 8　钻孔循环时间统计

	快退	压紧	快进	慢进	工进	慢退	快退
位置/mm	−30	—	10.7	20.7	36.03	20.7	0
速度/(mm · min^{-1})	9 500	—	9 500	1 000	150	1 000	9 500
时间/s	0.189	2	0.257	0.6	6.132	0.92	0.13
总时间 t_d/s	10.228						

同时根据所制孔零部件的孔位分布,可得两个孔之间的距离 Δd 平均约为 20 mm,且离线编程时设定的机器人移动速度 v_r 为 0.5 m/s,根据工件材料分析可知,每批次约制孔 5 000 个,结合表 14 - 8 计算可得制孔效率 E 为

$$E = 60/\left[(5\,000t_d + 4\,999t_r)/5\,000\right] =$$

$$60/\left[\left(5\,000 \times 10.228 + 4\,999 \times \frac{20}{500}\right)/5\,000\right] =$$

$$5.84 \approx 6(\text{个/min}) \tag{14-6}$$

综上可得制孔系统的制孔效率可达 6 个/min,满足设计的制孔效率要求。

目前,移动机器人制孔系统已完成 6 架次机翼加工任务,均符合技术要求。

参考文献

[1] 中华人民共和国工业和信息化部装备工业司.《中国制造 2025》解读之:推动航空装备发展［EB/OL］.（2016 - 05 - 12）［2022 - 07 - 14］.http://www.gov.cn/zhuanti/2016 - 05/12/content_5072767.htm.

[2] 卜泳,许国康,肖庆东.飞机结构件的自动化精密制孔技术[J].航空制造技术,2009,1（4）:61 - 64.

[3] 许国康.自动钻铆技术及其在数字化装配中的应用[J].航空制造技术,2005(6):45 - 49.

[4] 范玉青.现代飞机制造技术[M].北京:北京航空天大学出版社,2001.

[5] 王云渤.飞机装配工艺学[M].北京:国防工业出版社,1990.

[6] ODF R, BURLEY G, NAING S, et al. Error budgeting for assembly: centric design of aerostructures[J]. American Institute of Aeronautics and Astronautics, 2001, 9 (5): 33 - 43.

[7] 李艳华,蔺国民.现代飞机关键制造技术浅析[J].航空制造技术,2009(4):60 - 63.

[8] 梅中义,黄超,范玉青.飞机数字化装配技术发展与展望[J].航空制造技术,2015(18):32 - 37.

[9] 曹国顺.工业机器人精确制孔试验研究[D].杭州:浙江大学,2012.

[10] 曲立娜.大尺寸薄壁工件自动钻铆机结构的研究与设计[D].大连:大连理工大学,2009.

[11] 林琳,夏雨丰.民用飞机装配自动制孔设备探讨[J].航空制造技术,2011(22):86 - 89.

[12] 周养萍.飞机部件数字化装配技术发展综述[J].航空制造技术,2013 (13):52-54.

[13] COOK G E, CRAWFORD R, CLARK D E, et al. Robotic friction stir welding[J]. Industrial Robot:An International Journal,2004,31 (1): 55-63.

[14] 吴振彪,王正家.工业机器人[M].武汉:华中科技大学出版社,2006.

[15] 王黎明,冯潼能.数字化自动钻铆技术在飞机制造中的应用[J].航空制造技术,2008(11):42-45.

[16] 美国 GP/嘉沛特航空科技.Lübbering 高精度自动进给钻系统(ADU)[J].航空制造技术,2015(9):108.

[17] 陈彪,刘华东,卜泳,等.柔性导轨自动制孔设备制孔试验研究[J].航空制造技术,2011(22):78-80.

[18] 刘连喜,李西宁,王仲奇,等.无头铆钉自动钻铆工艺试验研究[J].西北工业大学学报,2013,31(1):77-82.

[19] 周万勇,邹方,薛贵军,等.飞机翼面类部件柔性装配五坐标自动制孔设备的研制[J].航空制造技术,2010(2):44-46.

[20] 魏超.柔性导轨制孔系统在现代飞机装配中的应用研究[J].航空制造技术,2016(22):78-83.

[21] 刘军.机器人自动制孔技术在飞机装配中的应用[J].航空制造技术,2014(17):104-107.

[22] SHI Q H, WANG Y, YUAN Q, et al. Application of Siemens 840D on refitting of inner-milling machine [J]. Manufacturing Technology & Machine Tool,2005(3):38.

[23] 邓锋.采用标准关节机器人系统对飞机货舱门结构的自动钻铆[J].航空制造技术,2010(19):32-35.

[24] 费少华.机器人制孔终端执行器控制系统设计研究[D].杭州:浙江大学,2012.

[25] 王建.面向飞机自动化装配的多功能末端执行器研究[D].南京:南京航空航天大学,2012.

[26] 董登科,王俊扬,孔繁杰.紧固孔原始疲劳质量控制与制孔技术研究[J].机械强度,2000(3):214-216.

[27] 洪华舟.面向飞机长寿命连接的制孔工艺研究[D].南京:南京航空航天大学,2012.

[28] 田青山.移动式机器人自动制孔设备控制系统设计[D].西安:西北工业

大学,2013.

[29]　姚定,佘晶,黄翔,等.基于全向移动与多点柔性支撑的飞机大部件运输技术[J].南京航空航天大学学报,2012(增刊1):73－78.

[30]　LIN M H, SONG K T. Design and experimental study of a shared—controlled omnidirectional mobile platform [C]// IEEE. IEEE International Conference on Systems, Man and Cybernetics, 2014:3579－3584.

[31]　武俊强.移动机器人自动制孔设备及关键技术研究[D].西安:西北工业大学,2015.

[32]　ZHAO J Z, LIU Y T, ZHAO Z X, et al. Structure design of industrial robot arm for hot stamping[J]. Hot Working Technology, 2013,42 (17):120－122.

[33]　王建.面向飞机自动化装配的多功能末端执行器研究[D].南京:南京航空航天大学,2012.

[34]　杨占锋.用于飞机装配的机器人制孔末端执行器研究[D].西安:西北工业大学,2013.

[35]　张杰,秦现生,胡鹏,等.基于机器人的飞机部件自动制孔末端执行器设计[J].制造业自动化,2013,35(8):15－17.

[36]　秦现生,汪文旦,楼阿莉,等.大型壁板数控钻铆的三点快速调平算法[J].航空学报,2007,28(6):1455－1460.

[37]　杨小丹,李树军,魏海涛,等.基于视觉检测的机器人自动制孔设备基准找正方法研究[J].机械制造,2013,51(591):57－58.

[38]　张娜,秦现生,白晶,等.飞机自动制孔末端执行器的设计与实现[J].机械设计与制造,2014(6):153－156.

[39]　梁杰,毕树生.制孔执行器的安装方式对机器人性能的影响[J].机械工程,2010,46(21):13－18.

[40]　王战玺,武俊强,秦现生,等.一种防撞柔性刀库:CN104015083A[P].2014－09－03.

[41]　李京.分布式工业监控系统组态实现研究[D].西安:西北工业大学,2002.

[42]　李盘靖.远程协同故障诊断关键技术及其应用研究[D].西安:西北工业大学,2006.

[43]　丁会霞.基于Internet的分布式交通协同控制系统开发[D].西安:西北工业大学,2007.

[44] 陈志育. 组态计算机数控系统的研究与开发[D]. 西安:西北工业大学,2007.

[45] QI J Y, ZHU C A. Designing and implement of flexible manufacturing system base on profibus_DP[J]. Modular Machine Tool & Automatic Manufacturing Technique,2007(9):9－11.

[46] 金自立. 工业机器人的离线编程和虚拟仿真技术[J]. 机器人技术与应用,2015(6):44－46.

[47] 史小磊. 基于 BECKHOFF TwinCAT 的开放式数控系统软件开发[D]. 哈尔滨:哈尔滨工业大学,2011.

[48] 费少华. 机器人制孔终端执行器控制系统设计研究[D]. 杭州:浙江大学,2012.

[49] 王一军. 基于工业机器人的飞机壁板高速精确制孔系统研究[D]. 杭州:浙江大学,2012.

[50] 牛雪娟,刘景泰. 基于奇异值分解的机器人工具坐标系标定[J]. 自动化与仪表,2008,23(3):1－4.

[51] LI L Y, LI X, YUE J F, et al. Study and realization of FANUC arc welding robot calibration[J]. Journal of Tianjin Polytechnic University,2007,26(2):69－72.

[52] CRAIG J J. 机器人学导论[M]. 负超,等译.北京:机械工业出版社,2006.

[53] CRAIG J J. Introduction to robotics：mechanics and control[M]. 3rd ed. New Jersey：Pearson Education Inc.,2004.

[54] 张博,魏振忠,张广军. 机器人坐标系与激光跟踪仪坐标系的快速转换方法[J]. 仪器仪表学报,2010,31(9):1986－1990.

[55] 孙义林,樊成,陈国栋,等. 基于激光跟踪仪的机器人抛光工具系统标定[J]. 制造业自动化,2014,36(12):105－108.

[56] 王巍,俞鸿均,谷天慧. 大型飞机壁板组件先进装配技术[J]. 航空制造技术,2016(5):42－46.

[57] NUBIOLA A,BONEV I A. Absolute calibration of an ABB IRB 1600 robot using a laser tracker[J]. Robotics and Computer-Integrated Manufacturing,2012,29(1):236－245.

[58] ZHONG X L, LEWIS J M. A new method for autonomous robot calibration[C]//Proceedings of the Robotics and Automation,1995,1995 IEEE International Conference on. IEEE,2：1790－1795.

[59] ZIEGERT J, DATSERIS P. Basic considerations for robot calibration [C]//Proceedings of the Robotics and Automation, 1988, 1988 IEEE International Conference on. IEEE, 2:932-938.

[60] 赵春红, 秦现生, 唐虹. 基于 PC 的开放式数控系统研究[J]. 机械科学与技术, 2005(9):1108-1113.

[61] 毕俊喜, 王舒玮, 薛志安, 等. 全软型开放式数控系统关键技术及应用研究[J]. 制造技术与机床, 2015(7):168-171.

[62] KLEINER A, STEINBAUER G, WOTAWA F. Automated learning of diagnosis models for component-oriented robot control software[J]. International Workshop on Principles of Diagnosis, 2006(1): 275-282.

[63] 庞英仲. 机器人技术与航空制造业[J]. 科技创新与应用, 2016(20):116.

[64] 薛少丁. 柔性自动化单向压紧制孔技术研究[D]. 南京:南京航空航天大学, 2012.

[65] OLSSON T, HAAGE M, KIHLMAN H, et al. Cost-efficient drilling using industrial robots with high-bandwidth force feedback[J]. Robotics and Computer-Integrated Manufacturing, 2010, 26 (1): 24-38.

[66] NAING S. Feature based design for jigless assembly[D]. Bedford: Cranfield University, 2004.

[67] 毕树生, 梁杰, 战强, 等. 机器人技术在航空工业中的应用[J]. 航空制造技术, 2009(4): 6.

[68] ATKINSON J, HARTMANN J, JONES S, et al. Robotic drilling system for 737 aileron[C]//Proceedings of the SAE 2007 AeroTech Congress & Exhibition, 2007, Los Angeles, CA. SAE Technical Papers, 2007: 1-6.

[69] COOK G E, CRAWFORD R, CLARK D E, et al. Robotic friction stir welding[J]. Industrial Robot: An International Journal, 2004, 31(1): 55-63.

[70] 楼阿莉. 国内外自动钻铆技术的发展现状及应用[J]. 航空制造技术, 2005(6): 50-52.

[71] 邹方. 飞机装配迎来机器人时代[J]. 航空制造技术, 2009(24): 34-37.

[72] 侯志霞, 刘建东, 薛贵军, 等. 柔性导轨自动制孔设备控制技术[J]. 航空制造技术, 2009(24): 58-60.

[73] BI S S, LIANG J. Robotic drilling system for titanium structures[J]. The International Journal of Advanced Manufacturing Technology,

2011，54 (5/6/7/8)：767－774.

[74] 邓锋.采用标准关节机器人系统对飞机货舱门结构的自动钻铆[J].航空制造技术，2010(19)：32－35.

[75] 武传宇.基于PC＋DSP模式的开放式机器人控制系统及其应用研究[D].杭州:浙江大学，2002.

[76] 周万勇，邹方，薛贵军，等.飞机翼面类部件柔性装配五坐标自动制孔设备的研制[J].航空制造技术，2010(2)：44－46.

[77] 顾金伟.飞机壁板机器人自动化制孔控制系统开发[D].杭州:浙江大学，2013.

[78] 姚艳彬，毕树生，员俊峰，等.飞机部件机器人自动制孔控制系统设计与分析[J].中国机械工程，2010(17)：2021－2024.

[79] 员俊峰，姚艳彬，宗光华.基于PLC的机器人制孔执行器控制系统设计[J].机械设计与制造，2010(7)：144－146.

[80] 游有鹏，董伟杰，张晓峰，等.开放式数控系统:新一代NC的主流[J].航空制造技术，1999(5)：35－37.

[81] 何航.Windows下开放式数控系统软件设计与研究[D].成都:电子科技大学，2004.

[82] PARK J，PASEK Z J，SHAN Y，et al. An open architecture real-time controller for machining proeesses[C]//Proceedings of the proeeedings of the 27th CRIP ISMS，1995:51－58.

[83] LLORENTE J I，SARACHAGA M I，BURGOS A，et al. Reuse of control software for manufacturing systems［J］. CIRP Annals-Manufacturing Technology，1997，46 (1)：403－406.

[84] LANDERS R G，ULSOY G A. Supervisory machining control：design approach and experiments ［J］. CIRP Annals-Manufacturing Technology，1998，47 (1)：301－306.

[85] 徐伟，刘朝明.数控系统发展趋势的研究[J].制造业自动化，2009，31 (9)：1－3.

[86] 卢胜利，王睿鹏，祝玲.现代数控系统:原理、构成与实例[M].北京:机械工业出版社，2006.

[87] 蒋明居.可配置数控系统设计开发[D].西安:西北工业大学，2010.

[88] 熊有伦.机器人学[M].北京:机械工业出版社，1993.

[89] 梁杰，毕树生.制孔执行器的安装方式对机器人性能的影响[J].机械工程学报，2010(21)：13－18.

[90] 戴文进，刘静. 机器人离线编程系统[J]. 世界科技研究与发展，2003，25 (2)：69 - 72.

[91] 袁红璇. 飞机结构件连接孔制造技术[J]. 航空制造技术，2007(1)：96 - 99.

[92] 张继禹，蔡鹤皋，王树国，等. 一个大型机器人仿真系统：ROBCAD[J]. 哈尔滨工业大学学报，1993，25 (3)：108 - 113.

[93] HARRISON J P，MAHAJAN R. The IGRIP approach to off-line programming and workcell design[J]. Robotic Today，1986，8 (4)：25 - 26.

[94] LI D. An open computerized numerical control system with module architecture [J]. Journal of South China University of Technology，2005，33(6)：36 - 40.

[95] 魏明哲. 机器人自动制孔控制系统软件开发[D]. 杭州：浙江大学，2012.

[96] GONG M Z，YUAN P J，WANG T M，et al. A novel method of surface-normal measurement in robotic drilling for aircraft fuselage using three laser range sensors[C]//Proceedings of the proceedings of the Advanced Intelligent Mechatronics（AIM），2012：450 - 455.

[97] 张小江，高秀华，张永智. 基于 DELMIA/IGRIP 的工业机器人仿真[J]. 机械与电子，2007，2 (2)：2.

[98] LIU J，XU H L，ZHAI H B，et al. Effect of detail design on fatigue performance of fastener hole[J]. Materials & Design，2010，31 (2)：976 - 980.

[99] GONZALEZ D J，ASADA H H. Design and analysis of 6-DOF triple scissor extender robots with applications in aircraft assembly[J]. IEEE Robotics & Automation Letters，2017(3)：1.

[100] 鲁琦渊，郑侃，廖文，等. 机器人旋转超声钻削 CFRP/铝合金叠层材料的钻削力实验研究[J]. 航空精密制造技术，2018，54(5)：4.

[101] TAO J，QIN C，XIAO D，et al. A pre-generated matrix-based method for real-time robotic drilling chatter monitoring[J]. 中国航空学报（英文版），2019，32(12)：10.

[102] 田小静. 工业机器人在航空工业中的应用[J]. 自动化与仪器仪表，2017 (10)：156 - 157.

[103] 沈建新，田威. 基于工业机器人的飞机柔性装配技术[J]. 南京航空航天大学学报，2014，46(2)：181 - 189.

[104] 王战玺，张晓宇，李飞飞，等. 机器人加工系统及其切削颤振问题研究进展[J]. 振动与冲击，2017，36(14)：10.

[105] OLABI A，BEAREE R，GIBARU O，et al. Feedrate planning for machining with industrial six-axis robots[J]. Control Engineering Practice，2010，18(5)：471-482.

[106] 王国磊，吴丹，陈恳. 航空制造机器人现状与发展趋势[J]. 航空制造技术，2015(10)：5.

[107] SHI Q，WANG Y，YUAN Q，et al. Application of Siemens 840D on refitting of inner-milling machine[J]. Manufacturing Technology & Machine Tool，2005(3)：124-126.

[108] 邓锋. 采用标准关节机器人系统对飞机货舱门结构的自动钻铆[J]. 航空制造技术，2010(19)：4.

[109] 高明辉，张杨，张少擎，等. 工业机器人自动钻铆集成控制技术[J]. 航空制造技术，2013(20)：3.

[110] 董辉跃，周华飞，尹富成. 机器人自动制孔中绝对定位误差的分析与补偿[J]. 航空学报，2015，36(7)：10.

[111] 费少华，方强，孟祥磊，等. 基于压脚位移补偿的机器人制孔锪窝深度控制[J]. 浙江大学学报(工学版)，2012，46(7)：6.

[112] 张娜. 移动机器人自动制孔系统控制软件开发[D]. 西安：西北工业大学，2014.

[113] 宋可清. 基于全向轮的机器人制孔移动平台开发设计[D]. 西安：西北工业大学，2014.

[114] 方强，李超，费少华，等. 机器人镗孔加工系统稳定性分析[J]. 航空学报，2016，37(2)：11.

[115] 刘刚，王亚飞，张恒，等. 基于分屑原理的螺旋铣孔专用刀具研究[J]. 机械工程学报，2014，50(9)：9.

[116] ZHANG Y，WU D，MA X，et al. Countersink accuracy control of thin-wall CFRP/Al stack drilling based on micro peck strategy[J]. International Journal of Advanced Manufacturing Technology，2019，101：2689-2702.

[117] 董辉跃，唐小波，何凤涛，等. 椭圆窝自动化加工技术[J]. 航空学报，2016，37(11)：3554-3562.

[118] ZHANG Y，WU D，CHEN K，et al. Prediction and compensation of countersinking depth error in drilling of thin-walled workpiece[J].

International Journal of Advanced Manufacturing Technology，2019，105(3)：1229 - 1243.

[119] MA X, WU D, GAO Y, et al. An approach to countersink depth control in the drilling of thin-wall stacked structures with low stiffness [J]. International Journal of Advanced Manufacturing Technology，2017,95(1/2/3/4)：785 - 795.

[120] YU L, BI Q, JI Y, et al. Vision based in-process inspection for countersink in automated drilling and riveting [J]. Precision Engineering，2019，58：35 - 46.

[121] 毕运波，徐超，樊新田，等. 基于视觉测量的沉头孔垂直度检测方法[J]. 浙江大学学报(工学版)，2017，51(2)：7.

[122] OLSSON T. Cost-efficient drilling using industrial robots with high-bandwidth force feedback [J]. Robotics and Computer-Integrated Manufacturing，2010，26(1)：24 - 38.

[123] MELKOTE S N, NEWTON T R, HELLSTERN C, et al. Interfacial burr formation in drilling of stacked aerospace materials[J]. Burrs-Analysis, Control and Removal，2010，10：89 - 98.

[124] 李源，胡永祥，姚振强. 预压紧力下叠层铝合金钻孔层间毛刺试验研究[J]. 组合机床与自动化加工技术，2014(2)：4.

[125] 洪华舟. 航空薄壁件制孔毛刺生长控制工艺研究[J]. 中国机械工程，2012，23(19)：5.

[126] 陈威，朱伟东，章明，等. 叠层结构机器人制孔压紧力预测[J]. 浙江大学学报(工学版)，2015，49(12)：2282 - 2289.

[127] 陈航. 机器人钻锪一体化制孔自适应控制关键技术研究[D]. 西安：西北工业大学，2022.

[128] 李飞飞. 移动机器人制孔过程关键技术研究[D]. 西安：西北工业大学，2017.

[129] 毕运波，李夏，严伟苗，等. 面向螺旋铣制孔过程的压脚压紧力优化[J]. 浙江大学学报(工学版)，2016，50(1)：10.

[130] 张辉，郭洪杰，王巍，等. 机器人自动制孔系统钻削工艺参数优化[J]. 航空制造技术，2015(21)：3.

[131] KUO C L, SOO S L, ASPINWALL D K, et al. The effect of cutting speed and feed rate on hole surface integrity in single-shot drilling of metallic-composite stacks[J]. Procedia Cirp，2014，13(1)：405 - 410.

[132] SANKAR B R，UMAMAHESWARRAO P. Multi objective optimization of CFRP composite drilling using ant colony algorithm [J]. Materials Today：Proceedings，2018，5(2)：4855 - 4860.

[133] KRISHNARAJ V，PRABUKARTHI A，RAMANATHAN A，et al. Optimization of machining parameters at high speed drilling of Carbon Fiber Reinforced Plastic（CFRP）laminates[J]. Composites Part B，2012，43(4)：1791 - 1799.

[134] ARAVIND S，SHUNMUGESH K，BIJU J，et al. Optimization of micro-drilling oarameters by taguchi grey relational analysis［J]. Materials Today：Proceedings，2017，4(B)：4188 - 4195.

[135] VINAYAGAMOORTHY R. Parametric optimization studies on drilling of sandwich composites using the Box-Behnken design[J]. Materials and Manufacturing Processes，2016，32(6)：645 - 653.

[136] SHUNMUGESH K，PANNEERSELVAM K. Optimization of process parameters in micro-drilling of Carbon Fiber Reinforced Polymer（CFRP）using taguchi and grey relational analysis[J]. Polymers and Polymer Composites，2016，24(7)：499 - 506.

[137] 裴旭明，陈五一，张东初，等. 制孔工艺对紧固孔加工精度的影响[J]. 机械科学与技术，2011，30(4)：5.

[138] 裴旭明，陈五一，任炳义，等. 加工工艺对 7075 铝合金紧固孔表面形貌和组织的影响[J]. 中国有色金属学报，2001(4)：134 - 139.

[139] 马超虹. 压脚对机器人制孔影响的试验研究与分析[D]. 杭州：浙江大学，2014.

[140] LOVE A E H. A treatise on the mathematical theory of elasticity[M]. New York：Dover Publications，1944.

[141] KIRCHHOFF G. Uber das gleichgewicht und die bewegung einer elastichen scheibe[J]. Crelles J，1850，40：51 - 88.

[142] 尹思明，阮圣璜. 变厚度矩形薄板的线性和非线性理论的弹性平衡问题的 Navier 解[J]. 应用数学和力学，1985，6(6)：519 - 530.